Yangguang
Xintai
Gongzuofang
Shilu

阳光
心态工作坊
实录

压力与情绪管理

郑日昌

著

北京师范大学出版集团
BEIJING NORMAL UNIVERSITY PUBLISHING GROUP
北京师范大学出版社

图书在版编目(CIP)数据

阳光心态工作坊实录/郑日昌著. —北京：北京师范大学出版社，
2017.7(2019.2 重印)
ISBN 978-7-303-22278-0

Ⅰ．①阳… Ⅱ．①郑… Ⅲ．①心理健康—心理教育
Ⅳ．①B848.4-49

中国版本图书馆 CIP 数据核字(2017)第 085599 号

营 销 中 心 电 话 010-58805072 58807651
北师大出版社高等教育与学术著作分社 http://xueda.bnup.com

出版发行：北京师范大学出版社 www.bnup.com
　　　　　北京市海淀区新街口外大街 19 号
　　　　　邮政编码：100875
印　　刷：北京京师印务有限公司
经　　销：全国新华书店
开　　本：730 mm×980 mm　1/16
印　　张：15.25
字　　数：210 千字
版　　次：2017 年 7 月第 1 版
印　　次：2019 年 2 月第 2 次印刷
定　　价：52.00 元

策划编辑：何　琳　　　责任编辑：齐　琳　王星星
美术编辑：李向昕　　　装帧设计：锋尚设计
责任校对：陈　民　　　责任印制：马　洁

　　20 世纪 80 年代和 90 年代，经工商部门批准，笔者先后创办了以普及心理健康知识、提高国民心理素质、促进社会安定和谐为己任的北京师范大学心理测量与咨询中心、辅仁应用心理发展中心和讲心堂。

　　三十多年来，我们团队的服务涉及的领域，从高考改革到人才测评，从心理健康到心理咨询，从爱情婚姻到优生胎教，从学生辅导到家庭教育，从生涯规划到临终关怀，从音乐催眠到舞动治疗，纵横经纬、五花八门。

　　特别是作为北京师范大学教授和讲心堂主持，笔者应邀在中共中央党校、中国人民解放军国防大学、国家行政学院、中国纪检监察学院、中国浦东干部学院、国家法官学院、国家检察官学院、国家教育行政学院、中国大连高级经理学院、中央民族干部学院以及中共中央办公厅、中共中央组织部、国家安全部、外交部、教育部、商务部、民政部、最高人民法院、新华社、广电总局等党政机关和石油、煤炭、电力、交通、通信、财政、金融、税务、航天、民航、海事、地质、烟草、互联网等众多企事业单位以及各省市党校，举办以"学会情绪管理，永葆阳光心态"为主题的讲座或工作坊千余场，受众数百万人。

2007 年，中国教育电视台"师说"栏目曾将该课程录制成光盘，分为 12 集，每集半小时，连续播放多遍。机械工业出版社还将录音整理成《情绪管理压力应对》一书出版发行。

工作坊是笔者在国外访学期间接触到的欧美国家广为流行的一种教学研讨方式。与我国传统的"满堂灌""填鸭式"教学不同，工作坊的要求是团队互动，讲练结合，联系实际，注重实效。但电视节目由于每集录制时间和场地、人数所限，无法让观众充分互动，只能以讲授为主，所以未能充分体现出工作坊的特点和优势。

在中国共产党第十七、十八和十九届代表大会上，胡锦涛和习近平两任总书记在政治报告中反复强调了"人文关怀和心理疏导"的重要。因此，最近几年讲心堂的业务更加繁忙，在全国各地开办的心理健康工作坊越来越多，内容和形式也有所调整和更新。无论场地大小、人数多少，讲心堂场场气氛都十分热烈，学员活跃异常。而且每次工作坊，学员在互动中都会迸发出新的火花，给人以深刻的启迪。

为了与时俱进，弥补电视节目的局限，更为了突出讲心堂的特色，笔者在此将最近的工作坊录像、录音整理成文（章节标题是后加的），其中的学员插话和我的应答是多次工作坊团队互动的内容，只在编辑的建议下删除了即兴讨论时偏离主题的语句，尽量保留原汁原味的课堂氛围，使读者如身临其境，领略参与者的风采，感受工作坊的魅力。

讲心堂工作坊时间可长可短，主要根据客户要求，短则一天，长则两至三天。本书是两天的工作坊实录。一天的工作坊以讲授为主，穿插少许活动；三天的工作坊会联系各行业、各部门的实际，组织学员结合自身问题开展深入讨论，也可举更多案例，做更多练习。书后附录内容可供学员阅读参考和练习之用。

在讲心堂的电脑网页（www. jiangxintang. cn）上，除笔者近几年写的相关文章和在各地讲学动态外，还有本人作为堂主创作的"讲心堂之歌"，其中最后几句是：

古有讲武堂，送你上战场；今日讲心堂，助你成长，助你健康！讲心堂祝你成长，讲心堂祝你健康！

以此为序。

郑日昌
2017 年春于北京

|C 目录
Contents

开场白

大家好！讲心堂现在开讲！欢迎各位光临本期的阳光心态工作坊。

"工作坊"的英文是"workshop"，这是近年来广为流行的一种教学和研讨方式。我们平时喜欢做报告、听报告，这种报告至多是在讲座后留几分钟让听众提问。这种所谓互动是单向的，好像台上的人什么都懂，可以解答一切问题。而工作坊的特点是，不仅师生互动，还要学员互动，更要讲练结合，联系实际，注重实效，避免空洞说教。

讲心堂不是一言堂，不是一个人讲大家听。在场各位可以随时打断我，随时提问、插话，更欢迎发表不同意见，做到教学相长。其实，从《论语》中不难看出，我们教师的祖师爷孔老夫子，当年采用的就是以讨论为主的启发式教学法。

工作坊要求大家共同参与，一起讨论交流，一起分析案例，一起做练习，一起做游戏，在丰富多彩的活动中获得感受体验，在潜移默化中成长提高。希望大家积极配合。

今天在场的大多是国家干部，首先要讲政治。党的十八大政治报告提出："加强和改进思想政治工作，注重人文关怀和心理疏导，培育自尊自信、理性平和、积极向上的社会心态。"这既是讲心堂的宗旨，也是我们工作坊的指导思想。我们在这里做一次集体心理疏导，大家掌握了一些心理学的理论和方法，回去可以给你们的干部、员工、家人、亲友做心理疏导。

讲完政治还要讲专业，阳光心态工作坊在专业上依据的是积极心理学理论。早期的心理学以弗洛伊德为代表，主要研究变态心理，关注精神疾病。积极心理学运动发起人、美国当代著名心理学家马丁·塞里格曼（Martin E. P. Seligman）认为："当代心理学正处在一个新的历史转折时期，心理学家扮演着极为重要的角色，承担着新的使命，那就是如何促进个人与社会的发展，帮助人们走向幸福，使儿童健康成长，使家庭幸福美满，使员工心情舒畅，使公众称心如意。"

1999年，塞里格曼高票当选为美国心理学会主席，他在就职演讲中明确提出："要改变公众对于心理学的负面印象，必须从关注'心理疾病、心理卫生、心理健康'这样的主流研究方向，过渡到以关注'幸福、美德、创造、正义'等积极心理品质为中心的研究方向。"

学会情绪管理，提高幸福感，以积极心理面对人生，永葆阳光心态，既是各位的期盼，也是我们工作坊的努力方向。

好了！下面我们的阳光心态工作坊正式开始。

首先，我要问在座的各位：您的心情好吗？认为自己心情很好的请举手示意！

许多人举手。

看来在场多数人心情还不错。那些没举手、自感心情不太好的同志，能谈谈影响您心情的主要原因吗？

场内七嘴八舌地回答：压力太大！活着太累！

压力来自多方面

请问喊压力大的几位，您的压力来自哪儿？

一位地级市领导：我的压力主要来自拆迁导致群众上访，维持社会稳定与发展经济的矛盾。

一位司厅级干部：我的压力来自政策变化快、工作责任重、决策难度大。

一位科处级干部：我的压力来自年龄越来越大，晋升无望。

一位国企老总：我的压力来自指标高和国内外同行竞争激烈。

一位企业员工：我的压力是上有老下有小，买不起房，看不起病，上不起学。

一位企业白领：我的压力是工作好干，人难处，处理不好上下左右的复杂人际关系。

一位女同志：我的压力是带孩子、做家务与工作的矛盾。

一位年轻人：你们好歹还有工作，我连工作都找不到！

一位中年人：我的压力是地震中失去了亲人。

一位中学校长手举一份报纸高声说：中国青年报社会调查中心2008年进行的"中国教师健康状况调查"表明，我们教师的压力主要来自以下几方面：60%的人认为是"学生成绩"，50.3%的人认为是"教学或管理任务重、工作时间长"，42.6%的人认为是"收入低"。

看来大家压力都不小，归纳起来无非来自工作、生活、人际、灾祸等几个方面。具体分析一下不难发现，压力大体可分为三种类型：第一种是暴风骤雨式，如大地震、大爆炸、大空难等天灾人祸；第二种是阴雨连绵式，如经常加班，工作没完没了，"五加二，白加黑"等；第三种是山雨欲来式，企业安全、地方维稳等均属此类。

压力无处不在！从中央到地方，各个地区、各个行业都有压力。据网络发布的调查结果，北上广深四个一线城市的人们感觉"压力大"的比例分别为：北京45%，上海67%，广州46%，深圳64%。

可见经济越发达的地区，人们的压力越大。据近年来的媒体报道，电视、电脑、手机、汽车最少的不丹，小国寡民，百姓的幸福指数最高。我曾应邀去新疆克拉玛依讲课，在交谈中发现，那里的石油员工和家属幸福感很高。

一位石油系统领导拿着一份调查报告站起来插话：您提到克拉玛依油田员工幸福感高，其实我们石油行业的压力并不比其他行业小。为了缓解员工的职业压力，中国石油东方物探研究院在涿州本部、大港分院、华北分院、长庆分院、库尔勒分院、乌鲁木齐分院、敦煌分院等下属单位的员工中抽样调查 887 人，有效问卷 876 份。结果表明员工的压力来源如下：

加班 67.8％，岗位竞争 60.8％，工作紧张 56.4％，任务期限 55.3％，成就认可 48.2％，质量控制与验收 42.6％，工作差错 40.2％，订单太多 30.8％，工作安全 21.5％，技术要求 18.4％。

而对我们领导来说，最重要的是安全问题，井喷、着火、漏油等事故像一把剑悬在头上，安全的弦时刻不敢放松。

感谢这位领导所做的补充，工作坊就是希望大家参与，共同研讨，看来您和方才发言的校长都是有备而来。

安全对于企业来说的确十分重要。我曾经带领团队在辽河油田和淄博矿业集团开展 EAP(员工心理援助)服务，重点进行安全心理的辅导，受到干部和员工的普遍欢迎。

有一次我在北戴河中国煤矿工人北戴河疗养院举办工作坊，一位矿长当场用手机发给我一条微信，他用一首很长的顺口溜形象地描述了煤矿干部的压力，其中主要涉及的也是安全生产问题。奇文共欣赏，我给大家读一下：

满腔热血把技术学会，到了煤矿吃苦受罪。急难险重必须到位，成年累月终日疲惫。从早到晚比驴还累，一日三餐时间不对。逢年过节值班应对，一时一刻不敢离位。周末不休还要开会，迎接检查让人崩溃。天天下井不懂社会，民告状回回都对。工资不高还要交税，出了事故无论对错都是有罪。抛家舍业亲人愧对，青春年华如此狼狈。仰望苍天欲哭无泪，哎！干煤矿真累！

长长的顺口溜既是无奈的牢骚，又是许多矿长工作生活的真实写照。所以我们在为这些企业提供 EAP 服务时，通常从领导班子入手，首先对各级管理干部进行心理疏导。

压力肆虐悲剧多

我们工作坊的参与者来自各行各业，课前要求大家收集本行业压力大的调查数据和具体事例，下面请大家都来晒一晒你所在行业的压力，看看谁的压力更大。

一位互联网公司总裁抢先发言：当今社会发展最快、压力最大的应该是我们 IT 业，近年来 IT 业出现多起员工自杀和劳累过度导致的猝死事件。

一位闻名遐迩的高科技公司管理者接过来说：高科技行业竞争激烈，压力普遍很大。我们公司多年前也曾发生过几起青年员工非正常死亡事件，这引起了公司领导的极大重视，于是公司请以郑教授为首的专家团队开发了公司招聘综合测试系统，包括适应能力、个性心理、心理状况及总体心理健康指数等 8 项指标，并请郑教授来总部对我们公司的人力资源干部进行培训，传授各种人才评价方法和测试技术。后来我们不但在招聘员工时建立"防火墙"，把好入口，学历再高，活得不开心的不要；同时还接受员工心理援助服务，在员工中开展心理辅导和心理健康教育，经过种种努力，最近几年公司再未发生类似事件。

让我们大家为该公司点个赞，祝贺他们在人文关怀和心理疏导方面取得的成绩！

中国科学院心理研究所调查发现：企业经理的压力主要来自工作和家庭问

题；中层管理和技术人员的压力主要与个人成就感和社会支持因素不足有关；企业一般工人的压力主要来自经济和住房问题。

一位来自某著名科技集团的高管沉痛地说：我们制造业的压力比其他行业更大！俗话说"家丑不外扬"，可好事不出门，坏事传千里，各种媒体连篇累牍地报道了我公司发生的员工连续自杀事件。为了遏制跳楼频发，公司想尽了各种办法，如在楼顶增设护栏、加强安保措施，请专家开展心理疏导，以及采取其他各种措施。

你们公司的员工自杀事件确实带来了很大的舆论压力，但从专业角度实事求是地说，你们公司的自杀率并没有高出普通人群约万分之二的平均自杀率。倘若把几十万员工分散到几十个叫不同名称的小公司，这十几跳发生在不同公司，人们的反响就不会这么强烈了，这也是树大招风吧！

一位银行行长手举一张报纸高声说：压力大的何止你们制造业和互联网等高科技行业，我们金融行业的压力也不小。据 2010 年 5 月 31 日《中国经济时报》的报道：

"金融行业从业人员承受着巨大的压力，日均工作时间达到 12 小时以上，成为收入高、奖金多、年轻但健康状况极差的易猝死人群。"这是由中国医师协会、中国医院协会、北京市健康保障协会、慈铭体检集团联合发起的中国金融人士健康状况大调查。该调查通过在全国范围内收回的 10457 份金融从业人员有效问卷，再结合慈铭集团北京、上海、广州等十余个城市累积的 300 万健康体检数据中的金融人士样本，调查分析得出的结论。

这说明压力大小和收入多少关系不大，员工有员工的压力，老板有老板的压力。《财富》杂志在 2003—2005 年所做的有关中国高级职业经理人的压力状况调查中发现，有 27% 的高级经理人处于一个较高的心理倦怠水平。

据网络报道，从 1980 年至 2008 年，仅有记录的，中国便有 2000 多位企业家自杀，其中有许多是在改革开放中为中华崛起做出重要贡献的精英分子。从 2010 年 1 月到 2011 年 7 月的 19 个月的时间里，就有 19 名总经理和董事长级别的高管离世。

一位身着警服的小伙子忍不住插话：企业老板和员工的压力再大也不会有我们警察的压力大吧！据中国警察网不完全统计，2013 年 10 月 2 日至 11 日，短短 10 天就有 5 名公安干警牺牲，其中有 3 人是因为劳累过度倒在了工作岗位上。2010—2014 年公安现役官兵因公伤亡 22870 人，其中因公牺牲 2129 人。2015 年天津港瑞海公司危险品仓库 "8·12" 特大火灾爆炸事故中有 11 名民警牺牲。

一位消防部队干部立即接上说：我们消防官兵比你们警察压力还要大，据统计，我国每年平均有近 30 名消防员在救火中牺牲，近 300 人受伤甚至残疾。2003 年，衡阳大火中有 20 名消防官兵牺牲。2015 年 1 月 2 日哈尔滨一仓库失火，消防员 5 人牺牲，14 人受伤。天津 "8·12" 特大火灾爆炸事故中有百余名消防官兵牺牲。

一位刚毕业的大学生起立发问：老师！现在大学生考公务员热，是不是将来走仕途、当官员压力会小一些？

一位身着警官服的老同志立刻起身回应：你以为当官压力就小了吗？你错了！近几年我们公检法系统干部意外伤亡也不少。2016 年 2 月的一天晚上，北京市昌平区人民法院回龙观法庭一位女法官及其丈夫（该院法警），在住所楼下遭到两名歹徒枪击，女法官身中两枪，经抢救无效死亡，她的丈夫受轻伤。

一位来自上海高等法院的领导接着说：现在案件越来越多，公检法系统的编制却未相应增加，收入也没提高，导致许多法官、检察官跳槽到收入更高的律师事务所或企业做法务工作。2014 年上海法院收案 55 万件，人均办案数 158.74 件，平均 1.4 天就要了结一个案件。当年上海法院有 86 名法官离职，其中有 17 个审判长，43 人拥有硕士以上学位，63 人是年富力强的"70 后"法官。

一位北京法官补充说：2014 年，我们北京朝阳区法官人均结案数为 195.37 件；2009—2013 年北京各级法院每年都有 100 多名法官辞职。据抽样调查，法官职业满意度如下：非常满意 1.28%，比较满意 11.09%，不大满意 34.89%，很不满意 22.22%；法官群体离职倾向如下：从未想过离开 5.53%，考虑过要离开 27.29%，认真考虑过要离开 57.37%，目前正着手进行离职准备 9.81%。除待遇低外，现在要求对案件终生负责，也使许多法官承受着前所未有的压力。

这几位领导回答得好！公务员热的确值得深思。年轻人看到公务员工作稳定待遇好，只知其一，不知其二。其实公务员特别是领导干部的压力比我们老百姓大得多。

《人民论坛》杂志曾对全国 100 多名官员的心理健康状况进行调查，发现有 80% 以上的官员特别是基层官员普遍存在较大的心理压力，存在一定程度的心理不平衡、心理疲劳及心理问题。其中，64.65% 的受调查者认为，官员的压力主要来自"官场潜规则对个人政治前途的压力"，并有少数干部因心理负担过重而出现焦虑、抑郁等问题，甚至有个别干部心理严重失调，甚至出现精神崩溃。

某地级市的一位建工局局长调任统计局局长不久便跳楼身亡，人们对其自杀原因有多种说法：有的说是他对统计业务不熟，工作压力大；也有人说他从油水大的岗位转到清水衙门，心理不平衡；还有人说是该市主要领导好大喜功，他的统计数据无法配合，内心纠结不能自拔。无论何种原因，都说明为官确实不容易。

2008年5月12日，四川发生了大地震，10月初，北川农办主任因地震失子、地震后工作压力大在床头自缢身亡。此事引起中央高度重视，一位领导就此做出重要批示，明确指出要关心基层干部特别是在特殊情况下经受了考验的基层骨干的身心健康。

我当时正被中央组织部借调在中国浦东干部学院做访问教师，中央组织部干部教育局点名让我去地震灾区为基层干部做心理疏导。在四川省委组织部一位处长的陪同下，我在两个多月的时间里为所有重灾县的乡镇以上干部做了八场心理辅导报告。后来中国浦东干部学院还为灾区干部举办了几期专题心理疏导班，收到了很好的效果。

2010年1月2日，上面提到的那位中央领导在四川调研时再次强调，基层干部承受的工作压力、生活压力和心理压力都很大，要具体帮助基层干部克服困难，积极疏导基层干部的心理压力。

习近平总书记更做出重要指示：应切实关注基层干部的心理健康问题，重视心理科学的应用，创新党建工作方式。

近年来，各地党政机关和企事业单位，纷纷请我去做心理疏导，今天飞这里，明天飞那里，有一个月我竟然坐了25次飞机，比乘出租车的次数还多。

近年来，自杀官员频频出现，级别从省部级、厅局级到县处级、科级，每个层级都有。官员自杀主要是精神家园缺失所致，而贪污腐败、仕途不顺、工作压力过大是促成官员自杀的三大诱因。特别是中央加大反腐力度后，官员自杀出现高峰，仅2014年媒体上就报道了24例官员自杀身亡事件。

据有关部门调查，官员精神压力主要有：官场竞争，仕途不顺；对问责制度、网络监督等不适应；对突发事件、安全事故、群众上访等公共危机应对不当；个人情感与家庭问题处理不善；腐败已经暴露或者即将暴露等。

羊城晚报2009年2月18日报道：卫生部健康教育首席专家洪昭光指出，病由心生，心理压力是百病之源，76%的疾病是情绪性疾病。有人对16名腐败官员做跟踪调查，当时他们的平均年龄为 41 岁，10 年后，16 人中 15 人得病，不少人是癌症，病死 6 人。而巴西一个医疗机构调查了 583 名贪官和 583 名廉洁官员，10 年随访的结果是：贪官 60％以上得癌症、脑出血、心肌梗死等，而廉洁官员患病率只有 16％。

这里要奉劝各位领导：不为别的，就为自己多活几年，也别贪污受贿。

有一位青年插话：贪官太多，纪检干部的压力不就大了吗！ 同桌的伙伴说：他们查别人，自己能有什么压力？

一位纪检官员回答：我们的压力一点儿不比别人小！ 反腐败、抓贪官责任重；贪官头上无标签，反贪工作难度大；人际关系复杂、矛盾多，不能轻举妄动；办案涉密纪律严，不但说话要小心，连喜怒都不能形于色，我们纪检干部普遍活得很累。

刚才插话的年轻人继续说：陕西安监局局长因在车祸现场面带微笑被人肉搜索，人们发现他每次开会都换一块手表，共有 11 块进口名牌表。 高手在民间，反贪要靠群众，有人只从手机拍的照片上就能看出什么牌子、哪国制造、多少钱，你们那么多纪检干部，同贪官一起共事，朝夕相处，怎么就迟迟没发现呢？ 直到网上举报，才将这个局长"双规"审查。

纪检官员回应：你批评得对，纪检工作确实有疏漏的时候，但我们也有我们的难处。 纪检干部大多收入低，最近因病去世的一位基层纪检干部，家中一贫如洗，不但没带过进口表，还可能根本不认识名牌表。 我们就是认出来也不能随便查，弄不好会影响团结，甚至会遭到打击报复。 有的举报者因个人恩怨诬告对方，我们兴师动众查了半天，什么也没查出来。

年轻人继续挑战：现在有习总书记和党中央给你们做后盾，不管小苍蝇还是大老虎都可以拍、可以打。

纪检官员：查出来压力更大！ 来说情的人太多了，亲戚朋友我都可以拒绝，可那些官比我大的上级，还可能是有恩于我的老领导来打招呼，我能不高抬贵手、适可而止吗？ 可这又违背党性原则，于是心中难免纠结焦虑。 更让我们寝食难安的是担心对方被约谈或双规后畏罪自杀。 一旦发生跳楼、上吊、割腕等事故，那我们的责任就大了，能不紧张得睡不着觉吗？ 所以近年来我们纪检干部发生意外的也不少。 我在网上搜索了一下，2011 年 10 个自杀官员案例中有 3 例是纪检干部。

大家的讨论很有意义，2005 年 6 月，中央组织部发布《要重视和关心干部的心理健康》的文件，《求是》杂志还将此文件改编成社论公开发表。文件指出"确有少数干部因心理负担过重而出现焦虑、抑郁等问题，甚至有个别干部心理严重失调，导致精神崩溃"。

以前我们真不知道纪检干部也有这么大的压力。令人可喜的是，近年来中共中央纪律检查委员会加强了对纪检干部的心理健康教育，在中国纪检监察学院设立了心理疏导室，配备了心理学专业人员和先进设备，并多次举办心理疏导专题班和工作坊，对全系统干部特别是新入职人员进行培训，成效显著，最近几年纪检干部再未发生类似悲剧。

又有一位年轻人笑着问：老师！ 你们教育工作者和科研人员是不是压力会小一些？

让我用调查数据来回答你：

北京教科院基础教育研究所从北京城区和郊区随机抽取 300 位教师进行问卷调查，结果发现，93.1％的教师感到"当教师越来越不容易，压力很大"。

杭州市教育研究所对随机抽取的杭州 31 所中小学的调查显示，76％的教师感到职业压力太大，13.25％的教师不太喜欢或很不喜欢自己的职业，50.8％的教师表示如果有机会会考虑换工作，只有49.2％的教师表示喜欢这一职业，愿意终身做教师。

现在中小学老师和学生大多是独生子女，"80后"带"90后""00后"，管理难度大，工作时间长，收入较低，生活困窘，加之中考、高考升学率的压力，悲剧难免发生。

请看网上报道的一个典型案例：

2012年4月27日晚，河北馆陶县某中学一位高三班主任服毒自杀，遗书中称"活着太累，工资只能月光"。他每天5点40分从闹钟中醒来，6点10分与学生一起跑操，包括早晚自习每天13堂课，晚10点到宿舍确认所有学生都在，等学生上床熄灯后离开，11点才到家。每月只放假一天，还要判月考试卷，寒暑假只能休息10天左右。月基本工资1450元，班主任津贴200元。妻子为医院非正式员工，月基本工资308元加60元补贴。每月还房贷630元，孩子奶粉五六百元，有13万元债务。

一位小学校长插话：不但老师压力大，学生的压力也大，而且他们承受力更差，更容易出问题。我在学校分管德育，近年来中小学生自杀的悲剧时有发生。作业没写完怕挨批评，考试作弊被发现怕受处分，都可能导致跳楼事件。除了自杀，还有杀同学、杀老师的。即使本校学生不出问题，还有社会上的歹徒和恐怖分子进校园行凶伤人。校园安全问题也是悬在我们校长头上的一把剑，出点事了不得！

一位中学校长接着说：现在学生和家长动不动就告学校、告老师。学生在体育课上"向右看齐"扭了脖子，被蚊子叮，得了大脑炎，学校和老师都要吃官司、担责任。

发生在校园的这些事件和悲剧，不可避免地会成为校长和教师的压力。不但普通中小学老师压力大，职业院校和大学教师同样压力重重：学生厌学者多，课上低头族，课下打游戏；以自我为中心，人际关系紧张；承受能力普遍较差，吃不得苦，受不得委屈，所有这些都给学生管理工作增加了难度。

　　一位高校负责学生工作的领导插话：教授，您说得太对了。近年来高校的恶性事件也没少发生，前不久某学院一名二年级学生，因网络借贷买足彩，欠了60多万元债务，无力偿还，跳楼自杀了。
　　一位大学政治辅导员补充：现在的年轻人简直让你防不胜防。几年前，南京一位大学生，考试作弊被抓。他父亲是该校知名教授。他回家把父母杀了。理由是父母自尊心太强，儿子给他们丢了人，他们活着也痛苦。

所以我们要牢记习总书记的教导，工作中要"如临深渊，如履薄冰"，不能有半点疏忽，不要认为都是些小事，在你看来是小事，对某些年轻人却可能是灭顶之灾，他就可能上吊跳楼或拿刀捅你。

不但学生自杀会给教师带来压力，教师还有自身的繁重教学、科研任务和晋升职称的压力，近年来高校教师因劳累过度而英年早逝者不乏其人。

类似的悲剧也发生在许多科研人员身上：2011年9月6日晚，中国探月工程一位副主任设计师在办公室突发脑出血，9月15日医治无效逝世，年仅40岁。据其弟弟介绍，哥哥是个工作狂，经常加班。2012年11月25日，歼-15飞机研制现场总指挥——51岁的中航工业沈阳飞机工业有限公司董事长、总经理突发急性心肌梗死殉职。

过去，有一句口号在干部和知识分子中很流行："活着干，死了算，小车不倒只管推！"《解放日报》2005年3月15日的一篇文章指出：知识分子七成多亚健康。多数中年知识分子长期"五不一干"——不看病、不检查、不休假、不疗养、睡不足、带病干。在最近 5 年内，北京大学和中国科学院有 135 位教授死亡，他们的平均年龄为 53.3 岁。

另据《北京晨报》2005 年 11 月 17 日报道：在知识分子中，存在着严重的"过劳死"现象，知识分子的平均寿命仅为 58 岁，比普通人均寿命少 10 岁。所以，我们还是要提倡劳逸结合、有张有弛，不提倡带病坚持工作。

一位卫生系统官员插话：被人们称作"白衣天使"的医护人员，过去是令人羡慕的职业，近年来也面临巨大压力。 2010—2011 年北京 444 名急诊科护士中，一年内受过语言伤害、躯体冲突、特定威胁和性骚扰的人所占比例分别为 96.8%、43.2%、32.0%、4.3%。 仅 2013 年 10 月的 10 天内就发生 6 起伤医事件。 2015 年 6 月和 7 月又发生了多起伤医事件：上海瑞金医院一妇产科女医生拒绝违规延长病人病假，被病人谩骂并打耳光；上海儿童医学中心门诊医生遭病人家属推打；北京朝阳医院一医生拒绝患者加号被暴打。 现在年轻人喜欢学医的越来越少了！

一位新闻界领导插话：不但"白衣天使"，就连我们号称"无冕之王"的记者也难逃压力的冲击。 法新社 2012 年 11 月 22 日援引国际新闻学会总部提供的数据报道：过去 15 年间，在大多数冲突中，（有人）以阻止信息传播为目的，把记者视为袭击目标。 2009 年，110 名从业人员失去生命，2011 年为 102 人，2012 年更有 119 名"一线"从业人员死亡。

2013 年，《潇湘晨报》一摄影记者因患肝癌医治无效逝世，年仅 28 岁。 2014 年，赣州人民广播电台台长从发病到离世也就 1 个多月，也才 40 多岁。 《南方都市报》时事新闻中心珠海新闻部首席记者因病逝世，年仅 31 岁。 杭州都市快报一副总编辑因抑郁自杀离世，年仅 35 岁。

大家不用再晒了！没有哪个行业没有压力。各位年轻朋友，如果你为逃避压力而跳槽，只能从火坑跳到油锅，以失败告终。

什么叫生活？我给下了个定义：生下来干活就叫生活！小时候学习，长大了工作，这就是生活！一个人怎么从妈妈肚子里来到人间的？全凭高压！人一生中有没有压力？有！什么时候压力最大？出生的时候，头都压扁了，否则你出得来吗？那时怎么不说压力太大我不出去了，还争抢着来到人间？可见我们一出生就要经受压力，我们永远生活在压力中，到了高空气压太低就活不成了。原始社会没压力吗？共产主义社会没压力吗？说不定比我们压力还要大。

一毛头小伙子低声嘀咕：什么时候不让我干了，我就没压力了。

我现在退休了，不用干活了，照样有压力！手指头有压力！食指按鼠标，拇指按手机，腱鞘炎，拇指病，照样不舒服！你什么也不干，整天无所事事，会闲饥难忍，无事生非；整天上网打游戏、微信聊天，不但手指有压力，眼睛、脖子也会有压力。可见压力无处不在，永远躲不掉，那就在压力中好好活着吧！

压力可以是重大生活事件，也可以是日常生活琐事。美国心理学家专门编制了测量人压力水平的生活事件量表，按压力大小由 1 分到 100 分将各种生活事件排列成等级，其中多数为负性的消极事件，也有少数为正性的积极事件，如结婚的压力为 50 分。

方才那位小伙子高声问：老师！ 结婚是大喜事，怎么还会成为压力啊？

在座的年轻同志，你看你们结婚前就要琢磨，选什么日子登记，到哪儿去照婚纱照，是买房还是租房，买房钱够不够，如何装修，买什么样的家具，在哪儿摆酒席，请哪些人，座位如何安排，更不要说婚礼当天了，乱哄哄的，所有这些对你来说都是压力，让你睡不着觉。

英国的研究显示，每年由压力产生的健康问题通过直接的医疗费用和间接的工作缺勤等形式造成的损失达 GDP 的 10％。你看这压力的影响有多大！

压力山大原因考

一位年轻学员插话：老师！ 是不是我们现在的压力比你们年轻的时候大？

问得好！十几年前，我应《人民论坛》之邀写过一篇文章，题目是《当代知识分子的压力及应对》，已经回答了你这个问题。

现在有现在的压力，过去有过去的压力。我们当年吃不饱，肚子饿，现在这方面的压力没有了；政治上的压力就更没有了，过去上课敢不照着讲稿念吗？一个口误、笔误，抓你个右派、打你个反革命绝没商量。

当然了，时代不同，压力的来源和性质就不同，不具有可比性，不好说谁大谁小。

过去肚子饿，大家都饿；现在都吃饱了，但你吃的比我好，羡慕嫉妒恨！现在全国至少99％的人生活水平都提高了。

年轻人继续问：既然老百姓的生活都比过去好了，为什么对政府不满的比过去多了呢？

这个问题问得更好！首先是社会民主了，宽松了，允许发表不同意见，不以言治罪；更主要的原因是，虽然改革开放使人民生活普遍富裕了，但有人先富，有人后富，有人大富，有人小富，发展不平衡，不患寡而患不均。所以贫富差距不能太大，要通过政策调整，使先富带动后富，更要严厉打击贪官污吏，将他们的不义之财还之于民，这样才能缓解社会矛盾，促进社会稳定。

又一年轻人插话：照您这么说，我们的压力应比你们那个年代小，可为什么过去没有人喊压力大，而我们个个都是"亚历山大"（压力如山大）呢？

现在不但你们年轻人压力大如山，中老年人的压力也不轻。为什么各行各业、从上到下人们普遍感到压力大呢？我分析一下不外以下几个原因。

一是变化快。

近几十年来，中国社会发生了翻天覆地的变化，对于一个急剧变化的社会，人们都要去适应它，适应不良就会产生压力。

一个相对稳定的社会，大家都已经适应这种生活方式了，所以就没有感觉到多大的压力。几千年的封建社会，人们日出而作，日落而息，年复一年，生活方式很少变化，基本适应了，只要没有大的天灾和战乱，便不会感觉到太大压力。

现在不但外界环境在变，人们的服饰打扮在变，人们的观念和语言也在变，你们年轻人的许多想法我们无法理解，你们讲的话我们也常常听不懂。更何况电脑、手机等高科技的东西层出不穷，不断花样翻新，我们必须与时俱进，活到老学到老。不进则退，不学习便要落伍，便要淘汰出局。我就经常被学生笑话，说老师"out"（落伍）了。

一个急剧转型、变化迅猛的社会我们必须不断去适应它，有的人适应不好就会牢骚满腹、怨天尤人，甚至出现各种心理问题。

二是竞争烈。

中国当代社会面临的一个最大的变化是由计划经济向市场经济的转型。

市场经济的重要特点是竞争，残酷的优胜劣汰自然会给人们带来巨大的压力。职场、商场犹如战场，无论是升学、就业，职位、职称，恋爱、婚姻，乃至车子、房子，处处都要通过竞争获得，人们难免遭受挫折和失败。竞争上岗，末位淘汰，于是就会感到压力。

竞争的压力各位体会比我深，不再过多解释。

三是选择多。

政治越来越民主，社会越来越宽松，给了我们更多选择的自由。选择多则冲突多，冲突多则烦恼多，这种选择冲突也会带来很大的压力。

社会现在变得多元化，不像过去那样单一了。以前大家都说一样的话，穿一样的衣服，否则就是离经叛道。当今宽松的社会赋予我们更多的自由，自由是好事情，但自由是一把双刃剑，在给了你自由的同时，也就给了你烦恼。

又有年轻人举手发问：老师！ 我觉得越自由越好，您怎么说自由还能带给人烦恼呢？

对我的说法许多年轻人可能觉得不好理解，不是越自由越好吗？匈牙利爱国诗人裴多菲有一首脍炙人口的著名诗篇："生命诚可贵，爱情价更高，若为自由故，二者皆可抛。"为了争得自由，人们不惜抛头颅洒热血，现在自由终于来了，但你的烦恼也多起来了，这是为什么呢？

因为你自由了就要自己做选择，人没有选择的时候就没有心理冲突。像当年计划经济年代，说老实话我们都没有选择的自由，分配工作的方案一公布，让你去哪儿就去哪儿，不能讨价还价，你也不用伤脑筋睡不着，一切都由组织安排。当今是双向选择，不但自主择业，还可以创业。以前人们在婚姻上也很少有选择，父母之命，媒妁之言。现在包办婚姻早已成为历史，不但择偶自主，人们可以选择的生活方式也是多种多样，令人眼花缭乱。

现在青年人感到迷茫，显得浮躁，就是因为他面临的选择机会太多。有选择就会有矛盾、有冲突，有冲突就会有焦虑、有烦恼。冲突可以有多种。

第一种叫作双趋冲突，就是这个我也想要，那个我也想要，但是鱼和熊掌二者不可兼得，你要两利相权取其重。公务员挺好，下海也不错，你总得选一个，那你就琢磨了，我到底去哪儿呢？于是就睡不着觉了，这叫作"双趋冲突"。古语说"逮二兔不得一兔"，人不能太贪，事业、家庭、爱情、金钱、美女、车子、房子、职务、职称，什么都要，活得能不累吗？所以现在提倡"断舍离"，放弃一些东西，你的压力就轻了。

第二种叫作双避冲突，两个我都不想要，但是你还必须得选一个，要两害相权取其轻。比如，前有狼后有虎，那怎么办？你不是往前就是往后，反正得走一条。现在你们年轻人面前的路多得很：大学毕业之后，可以考公务员，从政走仕途，这个我把它称作红路；也可以考研究生，硕士、博士毕业照相都是黑袍黑帽，将来成为专家学者，我戏称作黑路，这里说的"红"与"黑"没有褒贬之意，都是国家的需要；更可以自己创业或下海经商赚大钱，黄金多了，那就称作黄路吧；还可以飞越蓝天，漂洋过海出国去，这当然就是蓝路了。可走的路远不止这些，这么多路摆在你面前，随你挑，随你走，还有人发出了"人生的路啊怎么越走越窄"的感叹，那是因为你面前的路太多了。

第三种叫作趋避冲突，就是我又想接近它、得到它，又害怕它、想避开它，这就更纠结了。你看这东西很好吃，但是它烫手，又想吃又怕烫，这就是趋避冲突。这个工作收入高，可是太累，老想找一个钱要多，活要轻，在大城市，离家近又体面受尊重，最好还能解决户口的工作，反复挑啊选啊，于是就睡不着觉了。

咱们在日常生活当中，经常会面临各种各样的选择，无论是升学择业、婚姻恋爱，甚至购物买东西，都会发生这种冲突。所以就在那儿翻来覆去地选呀挑呀，拿不定主意。比如，你们女同志衣服越多，就越觉得没衣服穿，比来比去，穿这件穿那件，这个和那个搭配，那个和这个搭配，老觉得不合适，其实就是因为衣服太多了。像我们过去只有两套衣服的时候，脱了这件就换那件，脱了那件再换这件，所以没有那么多焦虑冲突。

这种选择带来的冲突也是我们当代人一个很大的压力。德国存在主义大师萨特说得好："如果上帝不在了，人们就陷入了焦虑。"我们那个年代一切都由组织来安排，个人决定不了自己的命运，所以我们只有"习得性无助"，而没有现在年轻人那么多的焦虑和烦恼。

四是欲望高。

除了来自外界的客观压力，我们个人内心的欲望也能成为一种压力。一位大学教师退休前最后一次晋级，因为没评上教授，憋气窝火，导致心脏病突发，不治身亡。追悼会后，另一位也未晋升教授的老先生发出感慨："哎！这个教授不当也罢，还是要长寿不要教授！"

欲望能催人奋进，也会带来痛苦。我们的一位学生对北京某城区的几百名公务员，采用国际通用OSI-2压力量表和访谈技术进行调查，发现其压力排在第一位的并非工作本身而是角色期望，说白了就是对职务的期望。

不仅个人欲望，周围人的期望同样也是压力的来源。天下望子成龙的家长，给无数孩子带来巨大的压力。子女拼爹拼不过别人，对家长也会构成压力。

我有一个朋友，在政府机关工作，三十岁就是处长了，年轻有为。可从此之后就原地踏步了，十几年过去了，四十多岁了，他还是个处长。他自己心态还比较平和，在我心目中他是一位很好的国家干部，心胸很豁达。他说我真的不大在意这个职务职称，只要干好工作，对得起良心，对得起组织的培养就可以了，晋不晋升没关系。他自己没有那么大压力，可是周围的人给他压力，特别是他的太太。太太是个医生，当初嫁给他，就是因为看他能力强，很有发展前途，认准是个"潜力股"，对他抱有很高期望。令太太失望的是自从结婚之后，先生就不再晋升，于是免不了经常唠叨，有时候还骂他是老陈醋(处)。哎呀，很难听啊，让他很烦。他说最可气的是连儿子也跟他妈妈学坏了。儿子学习很差，在学校老是最后几名。他对儿子说："你也得努力，也得进步啊！"结果儿子回了他一句:"还说我呢,你进步了吗? 老陈醋(处)!"你看,无论自我期望还是他人期望,都会成为我们的压力。

人的需要是分层次的,低层次的需要满足了,就会产生更高层次的需要。美国心理学家马斯洛(Maslow)提出了一个著名的需要层次理论(见图1-1)。

自我实现
的需要

尊重的需要

归属和爱的需要

安全的需要

生理的需要

图1-1 马斯洛需要层次理论

人类的需要就像一个金字塔,下面是最基本的、人人都必须要满足的,越向上越高级,能满足的人越少。最基本的需要是生理的需要,亦称生存的需要。一是个体生存,那就要吃饱肚子;二是种族生存,那就要传宗接代。至圣先师孔老夫子曰:"饮食男女,人之大欲存焉。"和孟子同时代的告子也说:"食色,性也。""食"就是饮食,"色"即男女之事,这是人的本性,不满足,社会不稳定。现在有打工仔、打工妹在城里结成临时夫妻,到了春节各回各家,各抱各娃,这也是影响社会和谐的因素。由于农村有些人重男轻女,导致性别比例严重失调,将近120个男孩,只有100个女孩,将来会有3000万到4000万光棍儿,这是一个潜在的危机。有学者建议几个小伙子合娶一个媳妇,在网上挨了板儿砖,被骂成"禽兽教授"。该教授的说法固然荒唐,但所提的问题确实存在。对这类问题政府要关心,必须想办法解决,在控制人口数量的同时,还要控制男女性别比。

饮食男女的问题解决了，生理的需要满足了，能活下来了，接下来是安全的需要，不但要有遮风避雨的房子，还要装上防盗门。过去为什么没有看病难？人们饿着肚子的时候是不会看病的，现在人们吃饱穿暖了，都想长命百岁，都进城去大医院看病，就挂不上号了。

生理的和安全的需要都属于物质上的，温饱问题解决了，接下来是心理和精神层面的需要，要被人爱，要受尊重，最高层次是自我实现的需要，即实现自己的理想抱负，人过留名，雁过留声。

一个人低层次的需要没有满足，很难产生高层次的需要，乞丐不大讲脸面，不怕丢人；饥寒交迫的人不会买高档化妆品，更不会去美容整容；大老板希望当人大代表、政协委员；比尔·盖茨热衷慈善等，都体现了不同层次的需要。

马斯洛的需要层次理论并不是什么新东西，中国古代政治家、思想家管仲有句名言："仓廪实而知礼节，衣食足而知荣辱。"这比马斯洛的理论要精辟得多，而且早了两千多年。

需要层次理论提示我们，发展是硬道理，两个文明必须一起抓，两手都要硬，不能脱离物质基础建立所谓空中楼阁的精神文明。

　　一位老先生起立插话：教授！我有一事不明，在此向您请教。过去我们穷，不文明可以理解，没有厕所就随地大小便，没有通信工具就靠高声喊，老老实实排队就挤不上车。现在我们富裕了，全世界都知道中国人"不差钱"，为什么还都骂我们不文明呢？就连港台同胞也讨厌我们内地人，真让人费解。

谢谢这位老同志的发言，这使我们的讨论可以更深入。您说的情况确实存在，不久前我从网上看到一个报道，其来源是否可靠有待验证。据说联合国一个专业机构，调查了世界上168个国家的公民素质，包含一百多项指标的综合评比结果，中国排在倒数第二位。这不能不引起我们的深思，特别是让我们当教师的脸红汗颜。当然也不能全怪我们老师，家长以及各级政府和媒体也都有责任。

事实表明，物质文明和精神文明并不完全同步发展，现在我们一些大城市和东南沿海地区，在物质上已经赶上或接近某些发达国家，但我们在精神上还落后一大截。过去某些人认为西方有物质文明，我们有精神文明，这是自欺欺人。物质上赶超相对容易，精神文明建设则难度很大，不会随着物质文明自动出现，而需要长期培养积淀。

有金钱未必有教养；物质富裕了，精神不一定高贵。一些土豪和暴发户富而不贵，"饱暖思淫欲"的情况也是不少见的。现在人吃饱了，毛病也多了，很多心理问题也就产生了。穷人很少有"三高"，乞丐不会失眠，更不得焦虑症、抑郁症、神经官能症。温饱问题解决了，人们的心理问题就会增多。

现在许多人的压力来自不断膨胀的欲望，官希望越来越大，钱最好越来越多，比职称，比待遇，比阔气，比排场，比名牌，所以活得很累。

20世纪90年代，我应邀去台湾省进行学术交流，著名国学大师南怀瑾先生(已故)送我两本书，他在《谈历史与人生》一书中，引用了明末清初的闲书《解人颐》中的一首白话诗，来描述人无止境的欲望：

终日奔波只为饥，方才一饱便思衣。

衣食两般皆俱足，又想娇容美貌妻。

娶得美妻生下子，恨无田地少根基。

买到田园多广阔，出入无船少马骑。

槽头扣了骡和马，叹无官职被人欺。

县丞主簿还嫌小，又要朝中挂紫衣。

作了皇帝求仙术，更想登天跨鹤飞。

若要世人心里足，除是南柯一梦西。

其中，"作了皇帝求仙术，更想登天跨鹤飞"两句为南怀瑾先生所加。用这首诗来描述当代某些人是不是十分贴切？

可见，要给自己减压很简单，把欲望降低一点，你的压力立刻就减轻了。

一位中年干部高声发问：老师！ 您是让我们随遇而安、满足现状、不求进取吗？ 难道我们不该努力向上、不断进步吗？

不甘落后、积极进取是对的，我们要努力干好本职工作，但千万不要在物质上与人攀比，更不要在职务升迁上动更多脑筋。官衔是个金字塔，机会越来越少，总有止步的时候，并非努力就一定能达到目标。我们在努力向上、不断进取的同时，还要面对现实接受失败。成功了不骄傲自满，失败了既不气馁、自甘暴弃，又能以知足者常乐的心态坦然面对。穷则独善其身，达则兼济天下。总之一句话：应该安中有不安，不安中有安；满足中有不满足，不满足中有满足。这种辩证关系，我们在后面阴阳辩证法一节还要做更多讨论。

回答完这位先生的问题，我们回过头来继续讲压力。

压力是把双刃剑

压力是一把双刃剑，它能危害你的身心健康，也能让你警觉，调动你的能量，并能激励你努力奋进。

人有强烈情绪的时候会爆发出一股巨大的能量，产生一种比平时大得多的力气。

传说带兵打仗的李世民在一次夜间巡视时，看到一只老虎横在路边，拉弓便射，然后仓皇回营。第二天他顺原路查看，发现射中的是一块形似老虎的巨石，箭头入石很深拔不下来。他惊讶自己的神力，拉弓再射，却无论如何用力也射不进石头了。

故事的真实性无从考究，但现实生活中却有类似的情况发生。我从电视里看到，一位老年妇女狠狠抱住一位抢劫珠宝的持刀歹徒，使对方无法挣脱。被活捉的强盗认为，老太太可能会武功，所以才有如此大的力气，实际上她只不过是位普通老太太。

"天兵怒气冲霄汉，横扫千军如卷席！"就是对情绪产生巨大能量的生动写照。

压力导致的危机感还能成为你努力拼搏的动力。20世纪60年代，石油战线的劳动模范、大庆"铁人"王进喜有句名言："井无压力不出油，人无压力轻飘飘。"铁人对压力给予了正面肯定。现在有些年轻人把这句口号篡改为："人无压力轻飘飘，压力太大受不了！"这是对压力的两种截然不同的态度。

人是需要压力的，没有压力就没有动力。

几年前有一位先生带他儿子来我这儿做心理咨询，说他儿子整天玩游戏机不学习，让我好好教育教育他儿子。通过和孩子的单独交谈，我发现问题出在儿子身上，根本原因却在父亲身上。这位家长是个小老板，平时喜欢喝酒，有时喝高兴了，便对孩子说："儿子，甭发愁！将来这楼房是你的，宝马车也是你的，银行里还有几百万，统统都是你的！"这样的家庭教育，孩子怎么会努力学习呢？

还有一个9岁的独生子，也是贪玩不爱学习，老师劝他说："你将来没文凭找不到工作。"孩子说："没事的，老师！我爷爷奶奶去世了，他们的房已经留给我了，我外公外婆也差不多了，那套房也是我的了，我爸爸妈妈早晚也有那一天，房子还是我的。老师，你说我怕什么呀？我最起码还有三套房，我又不会当房奴！"其实他少算了一半，将来找一个独生女，也继承三套房，两人一结合，一加一等于六，六套房唉！政策由独生变为二胎，每家还有三套房呢。

一些官二代、富二代的纨绔子弟，浑浑噩噩，不求进取，原因就在于没有压力。穷人的孩子早当家，因为穷人的孩子压力大。

电视里报道，天津有一位父亲与痴迷网吧、游戏机的儿子签父子协议，如果你考上大学我可以继续负担你的一切费用，如果你不想读书，那你到了18

岁就要工作，就要走向社会，自食其力，我就不再负担你的生活费了，我以后老了也不用你来供养。

成都有一位女老板与热衷穿衣打扮、吃喝玩乐大把花钱的女儿签母女协议，每月固定生活费用，超支不管。

这些孩子以为家长不过说说而已，连协议条文都不看，就把名字签上了，结果协议生效了，哎哟！气啊，恨啊！觉得爸爸妈妈怎么这么冷酷、这么无情啊！但是不行，签了字就必须按协议执行。这下压力来了，历经挫折磨难，最后这几个孩子都转变了，浪子回头，到电视台做嘉宾。他们这时候心里明白了，感谢爸爸妈妈，说当时如果不给压力，他们可能还在那儿鬼混呢。

看来人需要压力，但并不是压力越大、越多，就越好。如果压力太大，超出我们的承受范围，我们就会出问题，就会被压垮，甚至崩溃。比如，有被气死的，有被吓死的，这就是压力太大了。

过强的压力也不一定都是坏事，好事太强烈也能成为压力，乐极生悲的事也是常有的。大家熟悉的《儒林外史》里范进中举，中了举人当了官，这是天大的好事嘛！但是范进承受不了这个压力，喜极发疯，这就是压力过强了。还有那个《岳飞传》中的牛皋，捉住了金兀术哈哈大笑，乐死了，而金兀术则被气死了，估计这二人不是心脏病突发，就是脑血管破裂，这都是压力太大的结果。

一位漂亮的女孩高声发问：老师！压力多大才算大啊？

压力大小是相对的，因人而异，是针对你的承受力而言的。有的人可以泰山压顶不弯腰，有的人却可能被一根稻草压垮。只要超出你的承受范围，这个压力对你来说就是太大了。

一个人的承受能力是其人格特征的重要组成部分，是在遗传基因和后天环境教育综合影响下形成的。

美国心理学家耶克斯（Yerkes）和多德森（Dodson）研究压力大小与工作绩效

的关系，他们将压力作为横轴，绩效作为纵轴，画出一条倒 U 形的曲线。曲线表明，压力太小，人无动力，成绩当然不会好；随着压力的增大，你振奋起来，努力拼搏，成绩会不断提高；但物极必反，压力太强，超出你的承受力，成绩就会急剧下降。也就是说，在中等水平的压力下，人们适度紧张，此时绩效最好。这就是心理学上著名的耶克斯—多德森定律，可以用来解释员工职业倦怠、学生考试晕场、运动员比赛失误等现象。

刚才提问的女孩继续问：那我怎么才能判断我的压力是否中等，我的紧张是否适度呢？

如果你衣食无忧，终日无所事事，无聊透顶，或浑浑噩噩混日子，那就是压力太小了；若你困难重重，不断经受挫折、失败打击，惶惶然无所适从，或遭遇重大天灾人祸，导致身体和精神疾患，那就表明你的压力太大了；与此相反，倘若你每天精神振奋，学习和工作效率极高，在克服一个又一个困难中不断进步，那就说明你的压力中等、适度紧张。

这里的关键是要提高你的承受力，承受力强，多大压力都压不垮。

压力的应激反应

弄清了压力的来源、压力大的原因以及压力的功能与危害，接下来我们要讨论压力引起的反应。

心理学把人们对压力的生理、心理反应称作应激。该词汇的英文是"stress"，可译为"应激"，也可译为"压力"。

心理学家刘煜辉指出："自从加拿大生理学家塞利（Selye）于一九三五年使用'Stress'这个词以来，'压力'与人类形影不离，二十一世纪可以说是压力时代，'压力大'成为人们的口头禅，不仅是个人，家庭、学校、职场因压力产生的病理现象蔓延……在国外,许多大型书局都设有'压力专柜',有关压力的著作汗牛充栋,正反映压力问题的严重性遍及全球,尤其是先进国家。"

对压力的应激反应可分为三个阶段。

警觉期

警觉期或者叫唤醒期,就是压力来了引起你对这个刺激或压力源的关注。首先我们要注意到它,要调动你的能量。

对抗期

对抗期就是克服困难、排除障碍来应对这些压力。在应对的过程中你要消耗能量,你的体力、精力会慢慢地消耗,到了一定程度,可能我们把问题解决了,这个压力就排除了。

枯竭期

有的时候,这个压力过强或持续的时间很久,让我们的能量不断地消耗,导致身心俱疲,最后把能量消耗殆尽,就到了第三个阶段——枯竭期。

西方心理学对于职业枯竭或者叫职业倦怠研究得非常多,在图书馆的书架上可以看到一排一排的书。这种职业枯竭、职业倦怠最容易发生在与人打交道的工作中,如医生、护士、教师、警察等,在这些行业中产生职业倦怠的人较多。

人到了倦怠的时候,会有各种生理和心理的反应。

在生理上,主要是出现一些躯体的症状,如经常心慌、气短、头痛、头晕、失眠、脱发、全身乏力、食欲不振、消化不良等,时间久了甚至还会导致高血压、冠心病、消化性溃疡、哮喘等身体疾病。

2008年5月汶川大地震,有位重灾县的县委副书记,人很年轻,在读大学期间,是校运动会几项纪录保持者,身体棒极了。在地震后的短短几个月,因为救灾工作压力大,一头浓发脱落得稀稀疏疏,并且得了胃溃疡。

我有一位英国朋友,两个儿子在一次车祸中同时丧生,他一夜之间头发、眉毛、胡子全部脱落。英国医生无能为力,最后还是我国的一位老中医给调理好的。

在心理上，处于枯竭期的人首先表现为成就动机下降，意志消沉，不求进取，破罐子破摔，变得懒懒散散，什么都不想干。这一点可以用动物实验来证明：

把一些跳蚤放在一个箱子里，它们跳得很高，可以跳到外面潮湿的地方去。然后在箱子上放一个玻璃盖子，它们一跳就撞上，跳过多次之后，就不再跳那么高了。后来实验人员把玻璃盖子拿掉了，它们也不再向外跳。

把一条蛇和几只青蛙放在同一个鱼缸里，在蛇和青蛙之间用一块玻璃板隔开，蛇每次捕捉青蛙均遭失败，多次之后就不再捕捉了。后来实验者将玻璃板拿掉，这条蛇依然不捉青蛙。

我们人也会发生类似的情况：我怎么干也没个好结果，总是遭受挫折失败，那我就破罐破摔不干了；小孩子总挨批评，考试总不及格，那他就索性不学了，孩子厌学正是学习倦怠的结果。

心理反应的第二个表现是情绪低落，烦躁易怒，乱发脾气，缺乏耐心，服务态度不好。

> 一位税务局的领导插话：您说得很对！ 陕西西安车辆购置税分局一干部与纳税人发生争吵，自称"国税爷"，被媒体曝光。 河南驻马店办税服务厅一干部因与纳税人发生口角，用剪刀刺死纳税人。这些都和我们一线税务干部工作太忙，产生职业倦怠有关。

您说得很对，多年前我带学生去深圳考察，看到税务大厅纳税人里三层外三层，拥挤得很，工作人员连喝水和上卫生间的时间都没有，稍离开一会儿，就有人骂。

面对压力，心理反应严重者就会出现这位领导说的这种丧失人性的情况，变得冷酷残忍，折磨、虐待工作对象。例如，军人虐待战俘，警察折磨犯人，教师殴打学生等，都是职业枯竭、职业倦怠的表现。有些中小学和幼儿园老师打骂学生，让学生吃大便、吃苍蝇，在孩子脸上刺字，用电熨斗把小朋友脸和手烫伤等，都和压力太大导致的职业倦怠有一定关系。

> 一位青年教师站起来问：前几天我在网上看到，黑龙江一位中学女老师，因为教师节学生没给她送礼，在教室里发飙，骂了学生一节课，被学生用手机录下来发到网上。这是否也和职业倦怠有关？

当然有关！这位女老师作为班主任平时工作一定很忙很累，压力大又没有宣泄渠道和调适方法，便借机拿学生出气。这种讽刺、挖苦、训斥的语言暴力和肢体暴力一样，都同职业倦怠密不可分。

所以，我们不但要加强对学生的心理健康教育，更要关心教师的心理健康。近年来我经常应邀去一些地区和学校举办"教师职业倦怠的心理调适"工作坊，欢迎感兴趣的老师参加。

> 又一位年轻人高声问：压力对我们影响如此之大，那我们要怎么样来应对各种压力呢？

别急！听我慢慢讲。

压力的应对策略

美国心理学家拉扎勒斯提出，人们应对压力有两种策略，或者叫两种取向。一种是问题取向的应对，一种是情绪取向的应对。

问题取向的应对

问题取向的应对具体说来就是通过我们的积极努力，克服困难，排除障碍，把问题解决了，压力就消除了。比如，工作任务多，难度大，对于组织来说，可以通过发动群众、挖掘潜力、深入调查研究、采用先进技术等来完成任务；对于个人来说，可以通过加强学习、提高业务能力、改进工作方法、合理安排时间、处理好人际关系等来达到目的，这就是问题应对。

我前面提到的那位"老陈醋"朋友，踏踏实实、兢兢业业地干好工作，到了五十多岁成了厅局级干部，他的太太再也不骂他"老陈醋"了，而且对他毕恭毕敬，小心伺候，每天回到家，茶水都给准备好了，过去可没这待遇。我跟他开玩笑说：现在你压力没有了，你太太来压力了，因为你升官了，她怕一不留神，你有了外遇，把她给炒了鱿鱼。她应对的办法就是不再唠叨，照顾好你的生活，用温馨的家庭留住你的心。倘若把你唠叨烦了，你就到外面去找红颜知己了。

对职务升迁问题导致的压力，我们可以通过不断完善自己，努力干好工作，取得群众拥护、组织信任，来解决职称职务问题，从而消除压力。

那是不是所有的问题我们都能通过自己的努力解决呢？未必！你们几个能力都很强，工作都干得不错，但不可能都提拔。职务是个金字塔，越往上越小，只有少数人能如愿以偿。你的目标过高或工作难度过大，受各种主客观条件限制，无论怎样努力，也未必能取得成功。

有人起立问：那您对"有志者事竟成"怎么看？

"有志者事竟成！"这句话很好，是真理，但不是绝对真理，只是在鼓励人积极上进、要立大志、要努力这一点上，它是对的，但是你不要完全相信它。志要立，但有志未必成！成了更好，不成可以继续努力，但继续努力也可能继续失败，那总得适可而止，不要一根筋，一条道跑到黑。因为成功与否，并不完全取决于自己，还有许多超出我们掌控之外的因素在起作用，如天时、地利、机遇等。其实接受失败有时也是一种很好的心态，我们不但要学会努力争取成功，也要学会坦然面对失败。

情绪取向的应对

不断解决问题，努力争取成功，这只是应对压力的一手，我们同时要学会另一手——情绪取向的应对，就是调整好自己的心态，管理好自己的情绪。我们既要不断地解决问题，又要不断地调整情绪。问题应对是改变现实，情绪应对是改变自我。无产阶级在改造客观世界的同时，要不断改造自己的主观世界。毛主席提出的两个"改造"，实际上就是两种应对。两手都要硬，只有把两个应对都做好，才是一个心理健康、适应良好的人。情绪应对不良，不但直接影响你解决问题，更会影响你的健康。

国学大师南怀瑾先生在他的书中说：中国古人大凡成功者都是"内用黄老，外示儒术"。意思是说，解决自己的内心问题，调节情绪，要用黄帝内经、老庄哲学；解决外部工作上的问题，"齐家治国平天下"，要用儒家的孔孟之道。前者是情绪应对，后者是问题应对。一个人把道家的老庄和儒家的孔孟都掌握好了，这个人不但能成功，还能成为一个幸福的人。

积极心理学之父马丁·赛里格曼认为："当一个国家或民族被饥饿和战争所困扰的时候，心理学的主要任务是治疗心理创伤；但在经济繁荣的和平时期，心理学的主要任务是帮着人们活得更加幸福而有意义，生活得更加美好。"

最近这些年，各地都在努力提高百姓的幸福感，在计算幸福指数时罗列了许多指标，我觉得太烦琐，于是又写了一篇文章，题目是"幸福其实很简单"，列出了下面的幸福公式：

幸福感＝成功/欲望

德国哲学家康德有言："快乐是我们的需求得到了满足。"有需求就会产生欲望，而成功便是对欲望的满足。

快乐受具体情境影响，比如生日聚会，金榜题名，久别重逢等，都令人开心；幸福是在一段时间内对生活的总体感受，一个经常快乐的人一定会觉得幸福。

无论快乐还是幸福都是人的一种主观感受，主要受两个心理因素的影响。

一个是努力争取成功。未经过努力轻易得到某种东西，那不叫成功，你也不会珍惜；只有经过艰苦努力达到某个目标，那才有成就感、幸福感，付出的努力越多，成就越大，幸福感就越强。成功和幸福成正比，因此是分子。

比如，你通过努力考上了大学，拿到了硕士、博士学位；或者你的职务不断晋升，当了局长、部长；或者你成为大款、大老板；或者你考了第一，比赛得了金牌；或者你当了模范、得了大奖，这都是你的大成功、大成就，你会有大的快乐和幸福感。就连平时休闲娱乐，打球、下棋、玩牌赢了，这种小成功、小成就，也会有小的成就感和幸福感。

一位青年问：既然成功和幸福成正比，为什么有些高官和大款，他们似乎很成功了，还要上吊跳楼，自寻短见呢？

问得好！原因很简单，因为还有一个分母来抵消它，和幸福成反比的分母就是人的欲望。前边已经说过，人的欲望是无止境的，欲望越高就越不幸福。

美国哥伦比亚大学的心理学家霍华德·金森，当年读博士时专门研究幸福感，发了许多调查问卷，统计分析后得出的结论是：世界上有两种人最幸福，一种是社会上的成功人士，高官大款、专家学者，很有成就感，故此很幸福；还有一种是普通百姓，谈不上有多成功，但他们淡泊名利，宁静致远，欲望很低，也感到很幸福。二十多年后，他再次对能找到的受访者做调查，当年的成功人士中有相当一部分人，因为各种挫折失败变得不幸福了；而那些淡泊宁静的平头百姓，却一直感到很幸福。于是他在《华盛顿邮报》上发表文章，检讨自己以前的研究误导了年轻人，成功并不能给人带来最终幸福，降低欲望才是幸福的金钥匙。文章发表后引起社会轰动，认为霍华德·金森破解了幸福密码。我看到报道后不仅哑然失笑，博士加博士后研究几十年，得出的却是一个我们中国老百姓早就人人皆知的结论，不就是知足者常乐吗？

霍氏的幸福密码有一重大理论缺欠，人们都降低欲望、满足现状，个人还能进步、社会还能发展吗？人类历史特别是科学的发展进步，归功于人类永不满足的欲望，嫌走路累就发明汽车，嫌汽车慢就制造飞机，否则就会一直停留在原始的蛮荒时代。

作为中国的心理学者，我对幸福密码的破解是：幸福是永不满足的欲望同不断努力争取成功之间的动态平衡。人要有欲望，有了欲望就去努力奋斗，成功了便有幸福感，同时又会产生更高的欲望，再去努力争取。但由于主客观条件的限制，有时无论如何努力，也不可能成功，此时不妨把欲望降低一点，让欲望同成功保持平衡状态，我们就能成为一个永远幸福的人。

这就是说为了增强幸福感，首先要有欲望，努力争取成功，积极向上，扩大分子；当成功无望时，则要降低欲望，减少分母，保持理性平和的心态。

争取成功是问题应对，降低欲望是情绪应对。

欲望主要受参照系的影响，因此要学会比较。我们既要往上比，又要往下比。比上不足，便会积极进取；比下有余，便会知足常乐，这就将两种应对统一起来了。

有的人钱不多，学历、地位也不很高，但是活得挺开心，一天到晚连哼带唱，高高兴兴的，一瓶啤酒，一盘花生米，就很满足了。因为他没有那么高的欲望，所以他照样有幸福感。

欲望同你的参照系，同你在和谁比较有关系。你总跟成就比你大的人比，就总是不快乐；但如果你跟不如你的人比，马上就很开心了。

所以，我们要想有幸福感，就要努力争取成功。你不断地努力，有所成就，你就会幸福快乐。同时要调整你的目标，降低你的期望。胃口别那么大，这样你也会有幸福感。

我是一个心理学专业杂志的副主编，最近刚刚审核了一篇论文，因为是盲审，所以不知道这是谁做的研究。我觉得这个研究很有意思，紧密结合当代现实。作者在我国西部一个贫困落后地区调查了党政公务人员、文教卫生人员、城里打工人员和乡下农民的主观幸福感，得到一个出乎意料的结果。按照人们的设想，应该是党政公务人员感到最幸福、最快乐，文教卫生人员也应该感觉不错，结果不是这样的。调查发现，这几类人里边最满意、最有幸福感的是在县城里打工的农民。这就奇怪了，为什么他们会感到幸福呢？因为他们和村里那些没出来的农民做比较，自己赚了钱，盖了新房，买了拖拉机，骑着摩托车回家很风光，花钱比别人大方，于是特有成就感、满足感。

这就给我们一种启发，我们要想提高老百姓的幸福指数，让他们更快乐、更满足，可以从两个渠道入手。一个就是努力发展生产，发展经济，增加广大群众的收入，提高生活水平，这样老百姓就会感到幸福快乐。

但是光这一手是不够的，很可能经济发展了，收入也提高了，但是有人还照样不满意。这也是可能的，因为他和别人比还是觉得不平衡。所以我们在发展经济的同时，还应该引导老百姓，包括我们的学生、公司的雇员、工人、农民、市民等广大群众，要学会比较，欲望要适可而止，或者改变一下参照系，你不要老跟比自己高的比。你看20世纪50年代、60年代、70年代，我们虽然很穷，但老百姓通过忆苦思甜，与旧社会那么一对比，就觉得挺满意了。那么我们现在呢，也不妨回忆回忆改革开放之前，什么都要票，就那么几两肉还得排大队，粮食也不够吃，布票只有几尺，你看我们现在改革开放多好啊！彩电啊，冰箱啊，过去谁见过啊！手机人手一部，许多家庭还有了汽车，真的太幸福了，我自己就经常这样比。

你看这样一比，无论从生活水平上，还是社会氛围上，我都觉得特别满意，因而非常有幸福感，每天都感到快乐开心，兴致勃勃地工作，在事业上继续发挥余热。

又一位年轻人插话：您讲的这两种应对，相互会有矛盾，说来容易，做来难！俗话说"人往高处走，水往低处流"。谁不想往上奔啊！老师，您是怎么将这两个应对统一起来的呢？

我的座右铭是：自强不息，自得其乐；与人为善，与时俱进。

我靠自己不断努力，从一个家庭出身不好、受人歧视的乡下孩子成为一名助教、讲师、大学教授、博士生导师，作为有突出贡献的专家学者享受国务院颁发的政府特殊津贴，这是自强不息、不断上进的结果。但总有进步很慢或止步不前的时候。比如，我出国归来后即刻由讲师晋升为副教授，与其他几位年龄更大的老师相比，我的进步算是比较快的。但我教过的学生，博士一毕业，很快破格晋升为教授，比我先招硕士生、博士生，并成为我的院长、校长，还有的学生当了局长、司长或成了大老板，收入都比我高。我心里难免会有一点不平衡，产生"长江后浪推前浪，我被拍在沙滩上"的感觉。

每到这时我便以"青出于蓝而胜于蓝"的学生为荣，不但自己有成就感，还可以在某些喜欢摆谱炫富的小官僚、小老板面前，说一句"我的学生比你阔多了！"从而得胜回营。此外，我还不时同自己的小学同学、中学同学、大学同学逐一比较，发现没人比自己更强，以此来自我安慰，于是便飘飘然自得其乐了。如此这般，就将问题应对和情绪应对统一于一身了。

我一生历经磨难，但总能绝处逢生，越来越感受到"善有善报，恶有恶报"是颠扑不破的真理。在历次政治运动中，凡是整人者均无好下场，而与人为善的好人最终是不会吃亏的。能相助时尽力助，得饶人处且饶人，这是我的人生哲学和处事态度。

刚才插话的年轻人继续发问：您说的自得其乐是不是让我们安于现状，得过且过？ 与人为善是不是让我们与世无争，放弃批评？

问得好！不但年轻人不要安于现状，得过且过，就是我们老年人也要不断学习，与时俱进。新东西层出不穷，高科技日新月异，不学习就要落伍，就要被"out"（淘汰）！我50岁学电脑，60岁考驾照，现在的课件PPT都是自己做的，70岁还可以带着老伴自驾游，与那些连手机都不会用的同龄人相比，我感到十分满足，很有幸福感。不过我们毕竟老了，再争也争不过年轻人了，所以我就与世无争了。但你们年轻人必须争强好胜、积极进取，既不能做得过且过的庸人，也不能做唯唯诺诺的老好人。宁要一士之谔谔，不要千夫之诺诺！对贪官污吏、坏人坏事一定要敢说、敢管、敢斗争，不讲原则的一团和气并非我们所提倡的。

又一青年插话：您作为教授不差钱，有足够的退休金享受生活，我们"月光族"没法跟您比。我觉得还是金钱能给人带来幸福！

美国第32任总统富兰克林·罗斯福有句名言："幸福不在于拥有金钱，而在于获得成就时的喜悦以及产生创造力的激情。"罗斯福主要强调的是争取成功，认为幸福主要取决于问题应对。但总统的话也未必全对，你都有成就当总统了当然不缺钱，所以才觉得金钱不重要。

难道金钱和幸福一点儿关系都没有吗？果真如此我们就不用上班挣钱了。实事求是地说，金钱也是成功的指标之一，和幸福还是有些关系的，没钱买面包就会饿肚子，没钱看病就要死人，还奢谈什么幸福！所以每个人都要努力工作，赚钱养家糊口。

但金钱和幸福不是简单的线性关系，并非钱越多就越幸福。美国的一项全国抽样调查表明，年薪55000美元的人对生活的满意度只比年薪25000美元的人高9%；如果年薪达到了75000美元以上，幸福感便不再随收入的增加而提升了。

可见温饱问题解决后，金钱对幸福感几乎没有任何影响。一些贪官污吏受贿几千万、几个亿，钞票成吨甚至发了霉，做手纸都不好用，还整天提心吊胆，夜不安眠，幸福感不但没有增加反而降低了，更何况还要短命。我们对贪官严厉打击是让官员不敢贪，把权力关到制度的笼子里是让官员不能贪，还要通过这样的宣传教育使官员不想贪。

压力的心理援助

　　一位中年男士插话：我是一家大型国企负责人，在我们公司里不但有"月光族"，还有许多"房奴"和"月亏族"，更有一些面临下岗失业威胁的员工，如何解决这些员工的问题，您能谈点看法或给些建议吗？

在压力面前，除自己努力应对外，还可以争取社会支持，接受心理援助。遇到困难和危机，人们通常会得到亲属、朋友、领导、同事，特别是政府和组织的帮助，可以是物质上的救助，也可以是精神上的抚慰。现在大家越来越熟悉的心理咨询、心理辅导、心理治疗等，就是一种心理援助。

前面讲到的中国浦东干部学院和中国纪检监察学院开展的多种心理疏导活动，也可以看作对干部进行的心理援助，后来中共中央党校、国家行政学院、中国人民解放军国防大学、国家法官学院、国家检察官学院、国家教育行政学院、中国大连高级经理学院、商务部党校、交通部党校、新华社党校、北京和上海市委党校等教育培训机构也开设了类似课程，均受到广大干部欢迎。

在国外，企业给员工提供一种专门的心理学服务系统，叫作 EAP。E 是 Employee，就是员工；A 是 Assistance，就是援助、帮助；P 是 Program，就是方案、计划。国内有的把 EAP 称作"员工帮助计划"。我觉得这个译法不是特别好，它不是一个计划，而是一种机制，一种服务系统，一种员工福利，所以我喜欢把它叫作员工心理辅助系统，就是辅助你的员工解决心理上的各种困扰、问题。

EAP 具有以下几个特点。

第一是专业性。它提供的是一种专业性的帮助，由专家来解决心理问题。我们过去提倡广泛开展群众性的思想政治工作，鼓励大家相互开展谈心活动，"一帮一，一对红"。这看起来很重视思想政治工作，但这种做法有时候有用，有的时候却会帮倒忙，因为你不专业，越谈越乱，把小问题给谈成了大问题，甚至产生严重后果。就好像一团乱麻，大家都来撕扯，就可能撕扯成一个死疙瘩。思想政治工作是很有学问的，提倡群众性实际上等于贬低了它，认为思想政治工作很简单，随便一个人就会做，这是大大的误解。现在强调思想政治工作也要专业化，也要学习很多心理学的理论和方法，这样问题会解决得更好。过去我们常常认为，一个人有了烦恼，就是"闹情绪"，是因为私心杂念太多了。现在发现有大量的和政治立场、思想意识、道德品质不大有关系的心理问题，只有借助专业的心理学方法才能解决。

第二是客观性。因为EAP的服务人员是第三者，立场是中立的、客观的，跟组织内部人员没有亲疏远近之分，更没有直接利益冲突，所以容易取得员工的信任。

第三是安全性。因为它有行业规则和职业道德，会保密，不会把你谈的内容随便说出去。而我们群众性地互相谈来谈去，那就难说了，今天跟你谈，明天又跟他说，最后弄得大家人人自危，互有戒心。当然，并不是所有问题都要保密，当你的问题会影响个人、他人或社会安全的时候，就必须通知有关人员或组织。

第四是经济性。这种EAP服务能够帮助组织或企业理顺关系，激励士气，化解矛盾冲突，让人心情舒畅，增强凝聚力，从而能够提高效率，带来更多的利润。另外，把某些耗时费力的烦琐工作交给社会专业机构，企业可以减少编制，也能够带来更大的效益。

早期的EAP主要是针对酗酒、吸毒、旷工、打架斗殴等有问题的员工，后来逐渐转变为以提升心理资本为主的积极取向的心理辅导。企业通过EAP提高员工自信心和承受力，培养乐观心态，提升心理资本，改善企业氛围，增强组织战斗力。

在西方发达国家，EAP 起步较早，世界五百强企业大多接受这种心理服务。近年来，我们许多大型国企、民企也开始引进 EAP，如中国移动公司每年还举办 EAP 的经验交流会，前面讨论中曾提到的许多大型公司都从中获益不少。

企业的问题各不相同，每家都有自己难念的经。至于方才这位先生提到的"月光族""房奴"和下岗失业等问题，都可以借助 EAP 来加以解决。

当然，我们并不主张用 EAP 来完全取代思想政治工作，而是要将思想政治问题与心理健康问题区分开来，该谁做由谁做。思想政治工作主要是贯彻落实国家方针政策，开展法制教育，主要解决的是方向路线问题；EAP 主要涉及员工心理健康，解决各种情绪困扰和行为问题。二者好比鸟之两翼、车之两轮，缺一不可。

令人可喜的是 EAP 在我国虽然起步较晚，但发展迅速，我的许多学生就在从事这种工作。

对于我们个人来说，更多时候心理问题没有那么严重，也不一定去请别人来帮助，我们可以自我调节，有了轻微的烦恼困扰，可以自己来化解，这是更重要的。如何自我调节，我们后面还要花更多时间来讲解。

关于压力问题就讨论到这里，感谢各位的积极参与配合，下面休息一刻钟。

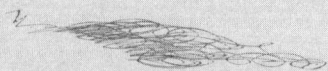

情商很重要

从之前的讨论中我们不难看出，压力与情绪休戚相关，而情绪又对人的健康至关重要。

情绪影响身心健康

《三国演义》中诸葛亮三气周瑜的故事，各位一定耳熟能详，心胸狭隘的周郎因气而死；《红楼梦》中见花落泪、对月伤悲的林黛玉，因多愁善感抑郁成疾而少年早逝，反映的都是负面情绪对健康的危害。

除了持久性的负面情绪，过于强烈的情绪对健康的危害也很大。前面提到的范进中举，喜极发疯；牛皋大笑而亡，这些故事都说明了喜怒有节的重要。

一位小伙子起立插话：老师！ 小说中的人物都是虚构的，故事都是瞎编的，难道情绪真的对健康有那么大影响吗？

为了回答你的问题，我想介绍一个心理学实验，几十年前美国心理学家用猴子做了一个实验。

　　把两只猴子放在笼子里，双脚绑在铜条上，接通电流。电一来猴子就会很痛苦，下肢被绑住了跑不掉，上肢就会乱抓。左边这只猴子，笼子里有一个带弹簧的拉手，一拉，电就切断了，这是一个开关。当然猴子并不懂，什么是电，什么叫开关，但是经过几次偶然拉动，它可能就会知道，一拉这个，就不痛苦了。来电乱抓这是本能，抓对了就是学会了这个行为，也就是建立了一个条件反射，以后只要一来电，它不抓别处，直接就拉开关来逃避电击。这是一个最简单的操作性条件反射，在此基础上再建立一个二级条件反射。在猴子的前方亮一个红灯，这是一个新异刺激，所有哺乳动物对新异刺激的本能反应是"探究反射"，朝向它，关注它，看一看，听一听，以便趋利避害，好吃的就跑过去，危险的就跑掉。红灯是中性的，无利无害，可是把这个红灯和电击结合起来就有意义了，红灯亮后过几秒钟电就来了，那它就要拉闸。猴子非常聪明，具有很强的学习能力，用不了几次，它就知道了，这个红灯不是个好东西，它是个危险的信号，红灯一亮，我就要难受，但是没关系，一拉闸就可以避免痛苦了。所以只要红灯一亮，还不等来电，它就拉闸了，这是一个二级条件反射。右边这只猴子，面前也有一个拉手，但只是摆设，不管用，所以就没有建立看见红灯拉闸的条件反射。

　　每天把这两只猴子放在这个笼子里边六小时，这是模拟我们人类的工作时间，我们是八小时工作制，开头和结束大概都做不了多少事，干活之前准备准备，下班之前收拾收拾，上趟洗手间，回来聊聊天，喝杯茶，看看报，真正有效的工作时间，也就六小时左右，那就让猴子也体会体会我们人类上班是个什么滋味。这里我们再设身处地地替猴子想一下。左边这只猴子一进到笼子里边，就要高度专注，聚精会神，两眼盯着那个红灯，不敢有丝毫懈怠和疏忽，红灯一亮就赶紧拉闸，这个红灯是过一会儿亮一下，这只猴子忙得不可开交，非常紧张。旁边那只猴子不知道红灯的含义，只是好奇地看着灯，一闪一闪的，觉得挺好玩，它在那儿看热闹，东张西望，无所事事。这个实验只做了二十几天，左边这只猴子就死掉了。

现在请大家猜猜，它是因为什么死的？谁说对了，我这里有北师大出版社在百年校庆时印制的漂亮书签或卡片奖励你。

一位年轻人高喊：这只猴子累死了！整天干活还不累死？

人可能吓死、气死，很少有干活累死的。吃饱了，睡一觉，接着干，没问题。何况那个弹簧很松，轻轻一拉电流就断了，怎么可能累死呢？

一位工程技术人员紧接着说：它可能疏忽了，精神溜号了，跟另一个猴子玩了起来，红灯亮了没看见，未及时拉闸，所以就被电击死了。

也不是！为什么呢？第一，电压没那么高，不是几千伏、几万伏的高压电，一下就烧焦了；第二，这两只猴子是绑在同一根铜条上，也就是串联，那个电压是一样的，如果这只猴子忘记拉闸，过电了，那只猴子也跑不掉，因为是串联！但是那只猴子还安然无恙，活蹦乱跳的，可见不是电击死亡的。

一位医护人员马上补充：说不定第一只猴子本来就有病，心梗或脑溢血了！

还是不对！我们心理学做实验，同医学一样，讲究的是严格控制条件，排除各种无关因素的影响，把其他的条件控制住，然后看一看是什么原因导致了什么结果，这是实验心理学的一个基本原理和做法。这两只猴子中左边这只是实验猴，右边那只是对照猴，精心挑选，严格匹配，完全对等。它们都是恒河猴，年龄、性别、身高、体重、健康状况完全相同，在实验之前做了严格的内外科身体检查，是两只完全健康的猴子，都没有任何疾病。它们两个到了笼子外边条件也一样，吃喝拉撒睡都在一起，也就是将方方面面都控制了。那么，到底这个猴子是因为什么死的呢？死后检查发现，它是死于严重的消化道溃疡，胃烂掉了。但是实验之前的体检显示，它没有任何溃疡，也就是说它的溃疡是在这短短的二十几天内新得的。

为什么这只猴子得了胃溃疡而那只猴子没有？别的条件全部都控制了，完全一样，唯一不同的是每天在笼子里这六小时，一只猴子要工作，它的责任重，压力大，而另一只猴子却没有这么大的压力。上一节提到的县委副书记，在地震后几个月因压力大得了溃疡病，猴子几十天就能得。

这是一个很有名的心理学实验。这个猴子真的得了病，医学心理学把这种由心理因素导致的躯体疾病叫作心因性疾病，又称心身疾病。

一位漂亮的女孩起立发问：老师！心理怎么会影响身体呢？是不是第一只猴子心胸狭隘想不开，"为什么我干活，你在那玩儿，太不公平了！"心理不平衡，气死了？

你的想象力很丰富。不过最主要的还是它精神紧张，焦虑不安，总是提心吊胆、担惊受怕，导致消化腺和各种内分泌紊乱，所以就会得溃疡病。

人的七情六欲都会对身体有所影响，就是高兴过了头，也会乐极生悲，伤害心脏。中医理论把七种情绪对五脏六腑的影响归纳如下（见图2-1）。

喜	怒	忧	思	恐	悲	惊
|	|	|	|	|	|	|
伤	伤	伤	伤	伤	伤	伤
心脏	肝脏	肺脏	脾脏	肾脏	五脏	神经

图 2-1　七种情绪对身体的影响

《黄帝内经》指出："百病生于气也。"中医典籍中又说："悲哀愁忧则心动，心动则五脏六腑皆摇!"心理学家通过病例分析发现,生气1小时造成的身体与精神消耗,相当于加班6小时。奉劝各位不要老生气了!

西医的祖师希波克拉底有言:"喜悦是促进疾病治愈的方法。"一百多年前的马克思也说:"一种美好的心情,比十服良药更能解除生理上的疲惫和痛楚。"所以大家不要相信张悟本和王林这些江湖骗子,也不要去抢购绿豆了,保持好心情,比什么保健品、营养品都重要!

医学心理学研究发现,人在痛苦和愤怒时,由于交感神经的作用,心跳加速,外周动脉阻力增加,舒张压明显上升,多次反复,便会导致慢性高血压病或冠心病。

盛怒能抑制肠胃蠕动和消化腺的分泌,导致胃溃疡或溃疡性结肠炎。据一些国家统计,消化道疾病中情绪不稳定致病者竟占三分之一。

紧张的情绪刺激经由自主神经系统和激素的作用,会降低或抑制有机体的免疫能力。有心理矛盾、不安全感以及压制愤怒和不满情绪的人易于患癌症。例如,肝癌和乳腺癌的患者就多半有压抑的愤怒情绪。

此外,脾气暴躁、沾火就着的人还易患支气管哮喘、甲状腺功能亢进、偏头痛、肠绞痛等病症。

当然,情绪不单影响你的身体健康,它更直接影响你的心理健康。你看所有的心理疾病,如各种神经症,什么焦虑症、抑郁症、恐惧症,还有精神病里面的躁狂症、双相情感障碍等,表现出来的都是情绪问题,所以情绪和我们的身心健康是密不可分的。

问大家一个问题,你们知道人类可能得的病有多少种吗?说对了还有奖品。

有人笑着回答:只有两种,一种是身体疾病,一种是心理疾病。

你概括得很全面,就像厕所只有男厕所和女厕所一样。我这里问的是,从轻微的感冒到致命的癌症,具体的疾病有多少种。不好数,猜一猜,不用太准确,说个大概数就行了。

有人回答几十种,有人回答几百种。

请各位思想再解放一点!胆子再大一点!

有人说:难道能有上千种?

你还是保守了!据医学专家们的不完全统计,为什么叫不完全统计啊?因为世界上新的疾病不断地产生,就这些年我们听说的原来闻所未闻的疾病就有好多种,比如说什么非典啊,禽流感啊,埃博拉呀,中东呼吸综合征等,我们原来都不知道,还有很多。根据医学上的最新统计,我们人类可能得的病有七十多万种。

场内多人惊叹:哇! 七十多万哪! 怎么有这么多病啊? 太可怕了!

不过大家也别害怕,谁也得不全!谁有这本事?能集天下疾病于一身,把这些病全都得了,从头到脚,每一个毛孔,每一个细胞,到处都是病,要什么病有什么病,那你就该进吉尼斯世界大全了,你的遗体也就成了无价之宝,医学院只要保留一具就够了。

医学模式发生转变

那么,现在医学上对这些疾病弄清楚了原因的有多少呢?只有三千多种,一个小小的零头。其他的那些病到底是怎么得的，绝大多数还是在未知状态。

随着医学的发展，现在人们发现，其实好多病和心理因素有关，尤其是和情绪有关。于是，医学模式就发生了转变。

古时候，人们认为得病是由于你干了坏事，这个老天爷啊，上帝啊，要惩罚你，所以我们要积德行善，烧香拜佛，求菩萨保佑；还有的认为，人得病是因为鬼魂附体、妖魔缠身，或被狐狸精迷住了，所以就得病了，因此老乡们要请巫婆神汉跳大神，驱鬼。这统统叫作迷信，是不懂科学的表现。

有了科学，特别是有了医学，我们认为人的病是细菌、病毒、寄生虫等引起的，这叫生物医学模式。以前的模式叫神学模式、鬼魂模式。在很长一段时间，近代医学就是建立在生物科学基础上的，认为人的病是由生物学因素导致的。

但是现在医学模式发生了革命性的转变，当代的医学模式叫作生物—心理—社会医学模式。也就是说，我们人的病不只是由生物学因素导致的，心理因素、社会因素同样能使人得病。

有人问：心理因素通过方才您介绍的猴子实验我们能理解，怎么还有社会因素啊？社会怎么会影响人的身体呢？

这是个好问题。当代社会，很多人因为竞争激烈、压力大得病，这就是社会因素。

当然，社会因素还是要通过心理因素的中介发生作用。

在同样的社会环境下，为什么有人自杀，有人就能顽强地活下去？因为每个人的承受力不一样，而一个人的承受力又和他的性格有关。

大家一定会奇怪，这性格也和健康有关吗？关系大了！医学心理学研究表明，有两种性格的人容易得病。

一种叫作 A 型性格，又叫冠心病性格。那种性子急，争强好胜，爱着急上火的人，很容易得冠心病。这里的 A 是英文"aggressive"的首字母，有开拓性、进取性和侵略性、攻击性双重含义。这种性格的人其实有很多优点，在党政军干部和管理者中比较常见：一是成就动机很强，不甘落后，有上进心；二是追求完美，认真负责，对自己和他人都要求十分严格；三是时间观念特别强，办事绝不拖拉。但是有一利就有一弊，任何事情都有两面性。有上进心，就爱和别人比，就很在意自己的形象，又怕别人嫉妒，又容易嫉妒别人；过分追求完美、对什么事都认真，就会牺牲效率，而且总是不满意，就会烦恼；时间观念强，总是往前赶，就容易着急上火，经常着急，就会加重心脏负担。现在已经有从国外引进的量表用于检测这种性格，如果你是这种性格，那就一定要注意修身养性，否则冠心病迟早会来到你身上。

还有一种 C 型性格，C 代表的是英文"cancer"，也就是癌。什么样的人容易得癌？就是那种性格发闷的人，有话不说憋在心里，或者有话不能说，长期压抑情绪，这种人容易得癌，所以叫作癌症性格。

你看这两种性格之所以影响健康，都是情绪在起作用，都和不良情绪有关系。情绪会影响我们的身体健康，前面已有翔实介绍，这里就不再重复了。

现代医学甚至发现，就是我们原来认为纯粹是生物学因素导致的疾病，也受心理因素影响，也和情绪有关。比如，流行性感冒，是感冒病毒引起的，这个没有争议。但生活在同一个环境里，为什么有人感冒，有人不感冒？当然和每个人的体质、抵抗力有关系，但同时又和你的心理因素有关。

学者们做过这样的研究：把流感病毒提取出来，稀释后给一些志愿者注射，当然要选年轻体壮的人做受试者，各方面条件都差不多，而且事前要签知情同意书，让受试者了解这个实验的目的和方法，同意签字，然后要给一笔很高的报酬。最后发现，虽然都注射了感冒病毒，但不是人人都得感冒。什么样的人得感冒呢？一种是那几天休息不好，疲劳过度，睡眠不足，抵抗力下降的人，便很容易感冒；还有一种人是心情不好，如下岗失业了，或注射完后悔了的人。"哎哟！听说感冒也会致死，我傻不傻啊，怎么没病找病啊？弄不好把命搭进去了。哎呀！我可别感冒，可别感冒!"后悔自责，担惊受怕，回去吃不下，睡不着，焦躁不安，结果怕什么来什么，这种人还非感冒不可。什么样的人不感冒呢？那种大大咧咧、性格开朗的人，越想越高兴:"真是天上掉馅饼，这几百美元赚得多便宜，不流血不流汗，最多流点鼻涕，我上哪儿赚这么多钱去！这可比卖血划得来，最好做个实验专业户，每天睡大觉就把钞票赚了，再不用给血汗工厂卖命了。"这种人吃得香，睡得着，嘻嘻哈哈，多半不感冒。这个实验好多国家做过，美国、英国都得出了同样的结论。

几年前非典流行的时候，很多人都可能接触过 SARS 病毒，但并不是人人都得非典，得了也不是人人都会死亡，这除了和体质有关外，也和人的心态有很大关系。

所以，心理因素特别是性格和情绪会直接影响我们的身体健康，这是毫无疑问的。你性格不良，情绪不好，就会内分泌紊乱，免疫功能失调，抵抗力下降，你就会得各种躯体疾病。我们从头到脚，从里到外，任何一个器官系统都可能因为情绪不良得病。人类的几大杀手，心血管疾病、癌症等都和情绪有关，更不要说自杀了。

除了心理因素导致的心身疾病外，还有一类叫作身心疾病，就是由身体的问题或生理因素导致心理的困扰，使心理出了问题。比如，检查出了癌症，这是躯体疾病。患者特别紧张，恐惧害怕，悲观绝望，这就是心理上出了问题。有些老年精神病是脑血管硬化导致的。临床上以记忆障碍、失语、失认、视空间机能损害、执行功能障碍以及人格和行为改变等为主要表现的阿尔茨海默症，则是一种神经系统退行性疾病。内分泌系统对人的心理功能也有重大影响，如甲状腺分泌过多会使人情绪激动、焦虑不安;分泌过少会使人记忆减退，思维迟滞，并可能伴有抑郁倾向。又比如，残疾人，有的很坚强，很乐观;也有的会抑郁或有自卑感;有的人甚至会因为自己长得不漂亮或者哪里有点小缺陷，就烦恼不安。再比如，整容也使人会出现好多心理问题，鼻梁一会儿打开，一会儿缝上，有些整容发生的纠纷，其实并不是手术失败了，而是受术者心理没有调整好，所以在整容前后一定要配合上心理咨询或心理辅导。

总之，当代医学和心理学的研究都表明，性格不良、情绪不好的人容易得病，且得了病不易康复；而性情良好的人则往往健康长寿。国内外有许多研究者对长寿老人做调查，发现导致长寿的唯一共同因素是心态乐观平和。

情绪影响个人事业

情绪不但影响我们的身体健康、心理健康，它还会影响学习和工作的效率，影响人际关系，因而会影响我们的事业前程。

首先情绪会影响我们学习和工作的效率，影响我们对问题的解决。

这里我还想介绍一个心理学实验。心理学是一门实验的科学，经常做一些很有趣很好玩的实验，所以许多年轻人喜欢心理学。

一个大房间，请一些大学生做受试者，当然也适当给一些报酬。做什么实验呢？挺好玩的，你进去就知道了，不过你出来后别告诉别人。每次进去一个人，开始一切正常，等到实验人员走了，过了一会儿，可怕的事情发生了，天摇地动，电闪雷鸣，就像要地震了，或者发生什么灾难了一样，非常突然，你一点儿心理准备都没有，你紧张，恐惧，赶紧往外跑。这个房间有四个门，三个门锁死了，没有钥匙打不开，有一个门没有锁，可是你不知道。受试者非常恐慌，想跑出去，于是就推呀，撞啊，拉呀，拧啊，用脚踢啊，结果有一些大学生，很长时间都跑不掉，不能够脱离这个险境。一些高智商的大学生竟然连这么简单的问题都解决不了。

如果你很镇静，很沉着，无非把这几个门逐一左边拧拧，右边拧拧，推一推，拉一拉，你只要拧对了方向，一推就开，就像咱们家里门一样。但是有一些受试者在那儿推啊，撞啊，踢啊，拉来拉去的，有的门可能往左右两边都拧了，也推了拉了，而有的门他可能只向一边拧了，或者只推了没拉，或者只拉了没推，在那儿急啊，就像没头苍蝇那样乱撞。

这是为什么？要是在正常情况下，你想从这房间里出去，试几下就解决了。可是在这种强烈的刺激压力下，高度恐惧的情绪就会让我们的大脑处于抑制状态，失去理智。因为情绪是一种弥漫性的反应，让你的理智、大脑的分析综合、判断推理，受到很大的局限，所以这样简单的问题，解决起来也会有困难。

这个实验证明，过于强烈的情绪，如过度兴奋、过度紧张、过度恐惧、过度气愤、过度悲伤，会妨碍我们解决问题。你看有的运动员大赛前睡不着觉，还有学生的考试焦虑，都会因为紧张而临场发挥失常。

另外，一个人心情不好的时候，便学不下去，心烦意乱，心神不宁，做事就不能够专心，烦躁不安，脑子很乱，就会影响学习和工作效率。

其次情绪还会影响我们的人际关系。

情绪不好，当然也包括性格不良，这样的人，人际关系肯定不会太好。你很孤僻，很抑郁，整天愁眉苦脸，唉声叹气，或者经常跟人发火，发脾气，要不然就不理人，整天哭丧着个脸，好像别人都欠了你的债，大家都不大会跟你很好地沟通交流，你的人际关系就不会好，就会成为孤家寡人。如果你这个人心态很平和，很豁达，很乐观，经常面带笑容，就会受到大家的欢迎。

国外有一句谚语："笑是两个人之间的最短距离。"当然这里说的不是空间距离，指的是心理距离。无论你走到哪里，见了同事亲友，还是到了异国他乡，见了陌生人，只要笑一笑，两个人的心就拉近了；不小心打扰伤害了别人，不一定说很多道歉的话，不好意思地歉然一笑，对方有时候也能谅解你。所以美国一位名叫杰列文的心理学家说："会不会笑是衡量一个人能否对周围环境适应的尺度。"你整天皱着眉头，阴沉个脸，说明你适应不良，特别是你的人际关系不可能太好。

前面说了情绪会影响你的身心健康，方才又讲了情绪会影响我们的学习工作效率，影响你的人际关系，那当然也会影响到我们的事业前程。

一个人的成功，智商也就是 IQ，固然起了很重要的作用，但是按照心理学的研究，一个人成功不成功，智商的作用是一少半，更大的一部分是情商的作用。情商即 EQ，又称情绪性智力，就是你能不能够管理好自己的情绪，调整好自己的心态；能不能够理解别人的情绪，体会别人的心态；能不能够很好地表达自己的情绪，和别人在情感上有效地沟通交流，用人本主义的说法就是通情的能力。

通情的英文是"empathy"，不是同情，同情是居高临下的，强者对弱者的怜悯。我同情你，但是我自己并没有感同身受。通情也叫作同感或共情，或者叫同理心，就是设身处地，跟你一块来感受，我不但能够理解你，还能快乐你的快乐，悲伤你的悲伤。一个人有这种能力，就能和别人心有灵犀，能够心心相印，这样的沟通是有助于建立良好关系，有助于事业成功的。

以前人们过多地强调了 IQ 即智商的重要，现在我们要更重视对情商 EQ 的培养，这对我们的成功是不可忽视的一个重要变量。下边我们可以通过一些事例来说明这个问题。

先从古时候讲起。刘邦手下有个大将军叫韩信，这个韩信堪称是大丈夫，他对自己的情绪调整得很好，管理得很好。在当年还没有成名之前，他流落街头，很不得志，竟然受一些小流氓、街头小痞子的欺负。那些小无赖捉弄他，侮辱他，让他从胯裆下钻过去。这个韩信本来是一个英雄豪杰，可是自己还没有成功，不能为了痛快，逞一时之能，跟这些小痞子斗来斗去，弄个你死我伤，不值得，所以就忍住了，钻过去就钻过去，大丈夫能屈能伸！他可以忍受这胯下之辱，这是他对自己情绪的一种管控，就是我们常说的，小不忍则乱大谋！正是因为他有这样一种情绪管理能力，最后才能成为统率千军万马的大将军。有的时候我们说，站在矮檐下不得不低头，这也是一种情绪的自我调控和自我管理。

年轻人可能不大知道，大概在几十年前，忘记准确年代了，我们中国的乒乓球女队有一位选手非常棒，到国外参加一次世界比赛，当时大家对她寄予很高的期望，因为按照当时运动员的水平，她是一号种子选手，只有她有希望夺冠。按照她的实力，是有可能赢的，但是她的压力太大了，临近比赛那几天心情特别紧张，就像学生考试焦虑一样，烦躁不安，睡不着觉，怕万一打不好，失败了，对不起教练和组织的培养，对不起祖国和人民，这种心理负担太沉重了，最后出了什么情况呢？就在比赛前一天，她的胳膊受伤了，自称是被一个歹徒用刀给砍伤的，那就上不了场了。当时这变成一个政治事件，是不是有人看我们这个运动员太厉害了，因而搞个小动作下黑手啊？主办国政府很重视，因为发生在它那里，他们也觉得这件事情太严重了，也有损他们国家的形象，于是警察厅就介入了，最后查来查去，发现没有歹徒，也没有凶手，是她自己用小刀割伤了自己。因为太紧张了怕失败，怎么办？我又不能不上，算了吧，我手受伤了，打不了啦！你看这就是由于情绪没有管理好，没有调整好，压力没有应对好，最后不单影响了个人的事业、个人的成功，也影响了国家的形象和体育事业。这是一个很大的教训，所以各运动队后来普遍加强了这方面的心理疏导。

现在大家都懂得了，不要给运动员那么多压力，什么十几亿人民期盼你夺冠，你必须打赢这一场，你一定要拿金牌！你这么一说啊，他的负担就重了，就背上包袱了。我们给运动员的压力太大了，好像赢就是为国争光，那输了呢？就是给国家带来耻辱了？体育运动主要是为了增强体质，体育比赛尽最大努力就行，打到什么程度算什么程度，不要赋予那么多的政治含义，赋予了太多运动员承受不起。有的教练员和领队不会做工作，对上场运动员说："好好打啊！你的亲人已经把电视机打开了，祖国人民在看着你！"你说这个，他的负担得多重啊，能不紧张吗？他想着我的女朋友在那儿看，我的父母也在那儿看，就放不开了。所以，除了个人调节，我们周围也应该配合一下，给予一个宽松的环境，一种良好的氛围。

有的人或者整天牢骚满腹，或者终日闷闷不乐，事业上当然会一事无成。我在前面曾经讲到，从 1980 年到 2008 年，国内有两千多位企业家自杀，这里说的是企业家，不包括那些小商小贩，都是社会的精英、高智商者，你看就是因为没有管理好情绪，没有调整好心态，不但影响了事业前程，甚至断送了宝贵的生命。比如，那位有三十多亿元资产的大老板，不是百万富翁，而是几十个亿啊，在咱们国内并不多的，但是他情绪管理不好，因为抑郁自杀了，当然事业也就完了。

如果将智商即 IQ 作为横轴，将情商即 EQ 作为纵轴，有人将二者与事业的关系绘成下面的象限图(见图 2-2)。

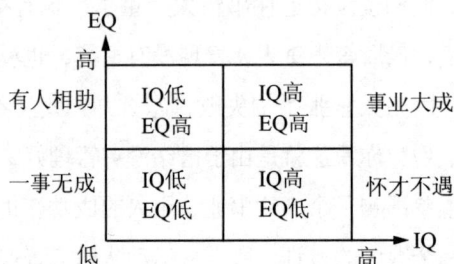

图 2-2　智商、情商与事业的关系

一个智商、情商都高的人肯定会事业大成；智商高、情商低的人往往牢骚满腹，怀才不遇，看哪儿都不顺眼，谁也不喜欢他，不可能干成大事；智商虽低、情商很高的人，通常人缘好，做事有人帮，同样可能取得某种成功；智商、情商都低的人，那就注定不可救药、一事无成了。

情绪影响社会和谐

这里我再归纳一下，情绪会影响我们的身心健康，影响我们的人际关系，影响我们的工作效率，当然也会影响我们的事业前程，从而影响个人的幸福、家庭的和睦，甚至会影响我们社会的和谐安定。

我们现在提倡构建和谐社会，国学大师季羡林在与国务院前总理温家宝讨论"和谐社会"时曾指出："我们讲和谐，不仅要人与人和谐，人与自然和谐，还要人内心和谐。"

和谐社会很重要的是我们人和人之间的和谐，人和人之间要想和谐，首先我们每个人内心要和谐，心态要平和。自己内心平衡了，你才能够和家人、同事、上下级、陌生人和谐相处。我在大街上看到有的年轻人背心上写着"别理我，烦着呢！"这种人千万不要招惹他。

不但是人与人的和谐，就是人与自然的和谐，其前提也是内心和谐。你看，有的小孩子因为心情不好，就去揪花草或把青蛙撕裂，大学生往狗熊口里灌硫酸，研究生用针扎猫的眼睛，女青年用高跟鞋踩小猫，他们对动物、植物都不能和谐相待，怎么能同别人和谐相处？

所以，我们要构建和谐社会，一定要从我做起，从心开始。只有从我们每个人内心开始做起，调整好心态，管理好情绪，和谐社会的构建才能真正落实，而不会只成为一句空洞的口号。

近年来，社会上发生多起暴力事件和恐怖活动，除了政治原因外，也有一些是由于个人内心不和谐，心理不健康，特别是对情绪管控不好造成的，如2010年上半年在不到两个月的时间里，各地就发生了多起校园暴力事件，都是歹徒进校伤害老师和学生。

近年来，不但有杀害陌生人的案例，也有杀害亲人的案例。一个人心理出了问题，其行为就很难理解。例如，一个留学生在机场用刀刺伤自己的母亲；一个大学生因考试作弊被发现，杀死自己父母等。

不但有歹徒杀人，还有更多人自杀，前面大家已经列举很多。2009年9月10日《环球时报》发表一篇社评"别回避自杀这个沉重话题"。文中说世界每年约有100万人自杀，平均每40秒就有一人自杀身亡。中国每年约25万人自杀，平均每2分钟就有一人自杀身亡，自杀率为2.223‰，是15～34岁青壮年的首位死因，全部人群中第五大死因。

无论杀人还是自杀都会影响社会的安定和谐，而其中很多恶性事件的发生往往与肇事者心理不健康有关。

2007 年，中国抑郁症人数为 3000 万，2009 年国际著名医学杂志《柳叶刀》的估算则是 9000 万人，并在不断增加；2009 年中国疾控中心的数据表明，我国各类精神疾病患者人数已在 1 亿人以上。国资委有位领导在报告中说，3000 万抑郁症患者中，有 300 万人自杀，自杀成功的有近 30 万人。

中国人力资源开发网调查发现：有 25.04％的被调查者存在心理健康问题，其中女性 27.45％，男性 22.08％。20 世纪 80 年代出生的人 31.7％，1975—1979 年出生的 29.9％，1970—1974 年出生的 25.4％，1969 年以前出生的 22.7％。可见越年轻的人心理问题越多。

　　一位女青年起立发问：老师，为什么我们女性和年轻人心理问题更多？

这个问题我想请大家来回答，哪位想发表一下自己的看法？

　　一位中年妇女说：我们女同志有双重压力，工作一样干，毛主席教导我们，时代不同了，男女都一样，男同志能做到的，女同志也能做到。可我们女同志还要生孩子，还要做家务，上有老下有小，压力大就难免出问题。

　　一位老教师说：现在的年轻人都是"80 后""90 后"，大多是独生子女，"四二一"综合征，四个老人，一对夫妻，六个行星围着一个小太阳，给予了过度保护的教育。孩子娇生惯养，以自我为中心，吃不得苦，受不得委屈，挫折承受力太差，因此容易出现心理问题。春江水暖鸭先知，我们当老师的最先感受到。比如，有的小学生不会吃带皮的鸡蛋；有的中学生因为同学喝了自己暖壶的水，往对方暖壶里撒尿；有的大学生家长说，自己女儿的每个细胞都需要空调；有的研究生往饮水机里投毒，毒死同学等，简直匪夷所思！中

国的家庭教育比学校教育的问题更严重，素质教育首先要从家庭
做起。

您讲得很对！除了家庭教育外，学校的应试教育，片面追求升学率，忽视学生人格培养和心理健康，也难辞其咎。

《礼记·大学》中说："古之欲明明德于天下者，先治其国；欲治其国者，先齐其家；欲齐其家者，先修其身；欲修其身者，先正其心……心正而后身修，身修而后齐家，齐家而后国治，国治而后天下平。"调整心态，保持内心和谐，是和谐社会的前提。

习近平总书记在天津视察时问一位年轻村干部："情商重要还是智商重要？"那位村干部回答说："两个都重要！"总书记说："做实际工作情商很重要。"

习总书记读书很多，不但广泛涉猎政治、经济、历史和哲学问题，也对心理学很感兴趣。2014年教师节，他来我们北京师范大学视察，那么多学院系所，专门看心理学院，一个一个实验室，看得很仔细，并提了一些很专业的问题，给我们留下了深刻的印象。

这一节就讨论到这里，从下一节开始，我们要交流如何调整心态。

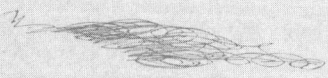

心理调节术

之前我们讲到，不良情绪主要有两种，一是过于强烈的情绪，二是持久的消极情绪，它们都会带来种种危害。所谓心理调节主要是对这两种不良情绪的管理，使自己情绪平和，心态阳光。

　　当然，积极的情绪也需要管理，否则得意忘形，便会乐极生悲。但好事并不会经常发生，古人说人生有四大喜事，可你不能经常"洞房花烛夜，金榜题名时"。丢钱包总比捡钱包的机会多。请丢过钱包的举一下手，好！包括我在内，有十多个人丢过。再请捡过钱包的举手。只一两个人。可见人生不如意的事十之八九，好事只有一二。所以我们只讨论如何管理愤怒、恐惧、焦虑、抑郁、烦恼、委屈、嫉妒等负面情绪。比如，这次提拔、晋级、涨工资，本来挺有希望，最后却落空了；或者工作失误，受了处分；或者被领导批评了，和同事闹了矛盾；或者有人告你的状，写你的匿名信；或者小孩子不听话，夫妻吵架，老人生了重病；或者出门塞车，发生了车祸；或者受骗上当，遭受抢劫等。

　　下面就请在座的各位交流一下自己应对压力、调整心态的方法。碰到倒霉、不开心的事怎么办？希望大家积极发言。不用举手，更不用起立，七嘴八舌，张口就说。每人至少说一种，看看谁的调节方法多，谁的方法更巧妙，我这里还有奖品。要争取先说，别人说过的、重复的就不算了。好，现在开始！

> 场内气氛顿时活跃起来，你一句我一句，有说找人聊一聊的，有说哭一哭、喊一喊的，有说唱歌或听音乐的，有说抽烟喝酒的，有说跑步打球的，有说逛街购物的……

好了！我们暂时交流到这里。

2010 年 2 月《财富》杂志发表了我的学生 2009 年对中国 2759 位经理人的调查。调查显示，高级经理人应对压力的多种方式，按频次百分比排列如下，请大家看屏幕：

听音乐 39.2％

与亲友在一起 29.5％

阅读 24.2％

看电视或电影 24.2％

睡觉 23％

慢跑或散步 18.5％

玩游戏或电脑 13.8％

健身运动 12.6％

做业余爱好 12.5％

沉思或冥想 11.7％

旅游 10.9％

按摩或疗养 10％

吸烟 9％

喝酒 7.7％

与同事或上级沟通 6.6%

逛街/购物 6.5%

野营等户外运动 5.6%

什么事也不做 5.5%

唱歌 4%

吃东西 3.2%

去酒吧或迪厅放松 3.1%

养花 2.4%

组织或参加集体活动 2.2%

写博客 1.8%

练气功或瑜伽 1.6%

赌博 1.2%

照顾宠物或跟宠物玩儿 1.1%

其他 1.1%

极限运动，如飙车 0.8%

求助心理咨询 0.3%

方才大家讲到的方法，这里基本都有了。上面列出的方法并非都是健康的，如抽烟和赌博就是有害的。下面我对这些方法加以概括并做一些补充。

宣　泄

有了情绪首先要表达出来，也就是要宣泄不要压抑。前面讲过，长期压抑情绪的人会得病。

最简单的宣泄就是说出来。跟谁说，信得过谁就跟谁说，跟谁说安全就跟谁说。通常我们对好事愿意讲出来与人分享，而对倒霉不开心的事，往往三缄其口，憋在心里。心情不好了，有了烦恼或委屈，可向父母、配偶、兄弟姐妹、朋友闺蜜、老领导、老同事、老战友或老同学倾诉，找人聊一聊、说一说。你说了不会带来什么不良后果，他不会嘲笑你，更不会告密检举揭发你，还会给你一种安慰，或者他只要肯听你说，这就行了，说出来心情就会舒服一些，这叫作倾诉。

我们要倾诉就需要有听众，要有倾听者，但是有的时候还挺难的，人们都很忙。大家可能读过鲁迅的一篇小说《祝福》，很有名的。其中有一个人物，叫祥林嫂，一生坎坷，遭遇很多不幸，丈夫病死了，儿子也被狼叼走了，这对她打击很大，她就产生了情绪问题，心理学上叫作PTSD，即创伤后应激障碍。这时候她是需要倾诉的，要对人说，很可惜那时候没有心理咨询，没有心理辅导和心理治疗，所以她就跟周围的人说，见谁跟谁说。"哎呀，我只知道冬天有狼，不知道夏天也有狼……"开始大家同情她，还有人听，可是后来人们都听烦了，她的故事已经不新鲜了，一见她就躲。没人听了，她的心理问题就加重了，所以最后是个悲剧。这就是说，我们要倾诉就需要有倾听者。

我在美国听到过一个有趣的小段子：说有一个人，半夜十二点多了，刚要睡觉，突然听到电话响，他很恼火，这深更半夜的，谁这么没礼貌啊？他想一定有急事，否则不会半夜来电话。拿起电话一听，对方是个女的，还很陌生，他就说对不起，您是哪位啊？那边说你先别问，你听我说，接下来就骂她的丈夫，"忒不是个东西了，夜不归宿啊，又跑到哪个狐狸精那儿鬼混去啦！"反正把她丈夫骂得狗血喷头。这边接电话的人一头雾水，他想这一定是个熟人，就从自己的亲戚、朋友、同事中一个一个检索，这个不是，那个也不是，一边听她讲，一边想这个人是谁，还礼貌地哼哈应着。因为他怕闹了半天，一个熟人你说不认识，让人家觉得你怎么都把她给忘了，这样好像不大好。所以他一直在耐着性子听，听得差不多了，这个女的呢，也讲得有点累了，要喘口气了。他说："对不起，我实在没想起来，您是哪位啊？"结果对方说："你不认识我，你说我这话能跟熟人说吗？这是家丑啊！谢谢你能耐心听我讲完，我实在憋得难受，心里烦，折腾，睡不着觉，就胡乱拨了个电话，不好意思，打搅了，对不起！"

我们每个人自己有了烦恼可以找人倾诉，为了让大家都有倾诉的机会，我们同时要学会做一个好的聆听者，给别人倾诉的机会。

> 一位女青年起立发言：老师，这方面我有教训，至今非常痛苦和后悔。我读研究生时，有一个同宿舍的女生，性格比较内向，有点孤僻，不大交朋友，不怎么和别人交往，只是和我关系还不错，比较谈得来，有什么话就只跟我说一说。有一天她问我："你有空吗？我想跟你聊聊。"我当时正在紧张地准备考托福，几天之后就要开考了，正在那儿昼夜做题，就说："过两天，等我考完再陪你聊。"第二天，那个同学又说特别想跟我聊聊！我还是说过几天考完托福一定陪她聊，结果第三天她自杀了。哎哟，我那个内疚啊，自责呀，罪恶感呀，我怎么那么自私自利啊！我这个人怎么活到这份儿上了，怎么见死不救啊！

这就是说，一个人有了自杀意念后，往往会发出某种求救信号。当我们身边有人发出这样一些求助信息时，我们一定要给予关注，必要时伸出援助之手。你当时备考太忙，没时间聊可以理解。以后碰到这种情况可先问问对方什么事，急不急？如果自己无力解决，可建议她去找班主任或学校的心理咨询老师。

倾诉，即说出来，这是最简单、最常用的宣泄方法。女人长寿，可能与其爱唠叨有一定关系。若一时找不到倾诉对象，或者羞于启齿，不好意思对人说，也可以写出来。写信，是对别人倾诉；写日记，是对自己倾诉；写博客、写散文、写诗歌等既是对别人倾诉，也是对自己倾诉，都是有效的宣泄方法。

高兴了哈哈大笑，悲伤了痛哭一场，也是很好的宣泄。笑一笑，十年少；

愁一愁，白了头，这是有道理的。

有人说，流眼泪是女孩子的事情，我们男子汉大丈夫，怎么能哭啊？要咬住牙忍住泪，把眼泪往肚子里咽，那是不符合心理卫生和生理卫生的。喜怒不形于色，并不一定有利于健康。虽然说笑比哭好，但哭也是一种身心调节方法。

眼泪有三种功能：一是润滑，泪腺堵塞眼发干，人会很难受。二是冲洗，灰尘迷了眼睛，眼泪就会流出来。三是排毒，有强烈情绪的时候，体内会分泌出一些化学物质，譬如肾上腺素，这种东西进入血液，可让你心跳加快、血压、血糖升高，爆发出巨大的能量，这时候你的血小板增加，为什么？血小板是负责凝血的，你说不定要搏斗了，让你血流得少一点。所以在战场上，正在冲杀的时候不大流血，因为那时候你有大批血小板抑制流血，这是一个自动调节过程。你就是不搏斗，逃跑也可以，狗急了跳墙也是一股爆发力。但是你又没有搏斗，又没有逃跑，能量不释放，这种化学物质不分解，留在体内便有害健康。没有关系，我们可以通过眼泪把它们排出去。你去化验一下眼泪就会发现，沙迷了眼睛流的泪，淡淡的，主要是水分；极度悲伤痛苦流的泪，咸咸的，里面有许多有机物，就是此时体内分泌的腺体，随眼泪排出体外，你就不得病了。有一首歌，好像是刘德华唱的，"男人哭吧不是罪"，以后 K 歌的时候，大家不妨一起唱唱"哭吧！哭吧！"

一位小伙子笑着问：女人比男人长寿，是不是和她们又爱唠叨又爱哭有关啊？

说得太对了！男人平均比女人短命五六年，除了遗传基因和职业分工不同外，还有下面两个原因：一是男人有话不爱说，平均男人的话没有女人多，你看那爱唠叨的，往往是妈妈。当然男人碎嘴的也有，让人讨厌，说你怎么婆婆妈妈！这说明女人话多大家认为很正常，而男人就不行。二是男人有泪不轻弹。

一位医生补充道：三是男人有病不爱看，女的更爱去医院。 男的有点头疼脑热他忍着。

一位女市长接着说：四是男人有活不爱干。 我们女同志不论当什么"长"，回家都能干点活，做饭、洗衣、干家务、带孩子。 撒切尔夫人身为首相在家还给老公做饭呢！ 你们男同志懒，到家什么也不干，往沙发上一躺，一杯茶，一张报，不爱活动，所以就短命！

又有一人笑着说："还有男人有家不爱回！"

几位补充得很好。让我来归纳一下：

男人有泪不轻弹，

男人有话不爱说，

男人有病不爱看，

男人有活不爱干。

这些可能都是男人短命的原因，提醒各位男士们要注意了。至于"男人有家不爱回！"虽然也有点道理，但因为你们要经常出差、挂职，外出开会、学习，所以还是不算为好。

场内响起笑声和掌声。

除了说一说、写一写、哭一哭、笑一笑，还可以喊一喊。

喊叫也是一种宣泄，国外书里专门提到一种喊叫疗法。心情不好了，郁闷了，可以高声呐喊，排解心中的烦恼。现在年轻人中普遍流行的一个词语是郁闷。憋得难受，可以像国外那样参加一个小分队，到山谷、深林、草原、海边，有人教你怎么喊，要领是：腹部发声，胸腔扩展，口要张大，啊——啊——，像唱歌、唱戏练嗓子那样，配上动作，喊完了，你会感到很轻松。当然注意不要妨碍别人，不要扰民，任何一种方法都要用得得当。

每年高考前，我都要到各地给高三学生做心理辅导，每次都以考生集体高呼"振奋精神，轻松上阵，增强自信，高考必胜！某某中学，大获全胜！"作为结束。

2008年"5·12"大地震后，我受中组部派遣，去四川给灾区干部做心理疏导，每次讲座完都要带领全场干部集体高呼"挺起胸膛，自立自强，艰苦奋斗，多难兴邦！"连呼三遍，场内十分庄严肃穆，喊后大家热泪盈眶，这就是喊叫疗法。

除了喊一喊，有的时候还可以摔一摔，打一打，如拍拍桌子、砸砸板凳。夫妻吵架，你摔盘我摔碗，摔完了再来买，这就有点浪费，如果把锅碗瓢盆换成塑料的不就没关系了吗？

一位老同志慢悠悠地说：我老婆就喜欢摔东西，每到她生日我就送一件小礼物。媳妇还很得意，傻乎乎地在姐妹们面前吹牛："我那老公越老越有情调，每次过生日都不忘送我一件纪念品。"她哪儿知道我的意思啊！我给她送的什么？都是大熊猫啊、小白兔啊、布娃娃啊！毛茸茸、软乎乎的，随你摔吧，摔完了一复位不就完了嘛！

难怪您能当局长，您很会管理，把你家管得特别和谐！

我这里说的是宣泄，所谓宣泄就是合理地发泄，要分时间、地点、场合，要讲方式方法，不能胡发乱泄。

有三种胡发乱泄：一是时间、地点、场合错了。比如，这位老总郁闷了，想到教授讲过郁闷了可以喊一喊，于是深更半夜在阳台上大喊大叫，邻居就要骂"他又犯病了"。

二是方法手段错了。比如，动刀子，大打出手，张口骂人，乱摔东西等，都会带来不良后果。几年前某国家部委机关，发生了一个悲剧。五一假期，一位年轻干部同媳妇吵起来了，小夫妻吵着吵着就摔东西，你摔我也摔，不知道是谁，把刚出生两个月的女儿从六楼给扔出去了，下面也没有像杭州那样的最美妈妈来接，孩子脑浆迸裂。事后该单位请我去给全体干部做心理疏导，亡羊补牢。近年来，一些年轻人心情不好，便去超市捏方便面，网上称作"捏捏族"。我从电视里看到，某饭店提供一种特殊服务，客人喝酒可以干一杯摔个碗或盘子，几个女孩一边摔一边大声喊"好玩！过瘾！解气！"买单的时候都给你算进去了，这就是胡发乱泄了。

三是发泄对象错了。在公司里被老板训了、骂了，不敢顶撞，怕被炒鱿鱼，憋了一肚子气，回家骂太太；太太也怕被炒鱿鱼，不敢还口，于是给旁边碍手碍脚的儿子一巴掌；儿子不敢还手，便给挡道的小黑狗一脚；小黑狗只能"嗷嗷"叫几声跑开。这个发泄链，只有最后的小黑狗是正当发泄，其余都是胡乱发泄，是迁怒于人，找替罪羊。（众人大笑）大家不要笑！生活中经常有这种情况。你有没有在单位不顺心，回家冲老婆孩子瞪眼睛；在家里被媳妇骂了，到了公司对你的下属脸色就难看了？我们自己不要这样做，对别人则要理解。比如，一个同事莫名其妙地对你发火，你不妨这样想：年轻人可能失恋了，也可能刚跟媳妇吵完架，或刚被领导批评，他今天心情不好，不跟他一般见识，改日再谈。既然你没惹他，他的火就不是冲你，你不要自己往枪口上撞。这叫"理解万岁！"和谐社会就要从一点一滴做起。

为了合理发泄，就要提供一些场合，所以国外有心理辅导、心理咨询、心理治疗等多种心理服务，不但有心理诊所，还有聊天公司。企业还有情绪发泄室，内有老板的塑像，塑料的或橡胶的，打不还手，骂不还口。社区还有运动消气中心，据说法国巴黎就有好多家，里边连墙壁都是软的，沙发垫、被子、褥子、毛巾、枕头，更多的是各种球类和充气玩具，随你摔啊，打呀，喊哪，叫啊，小伙子翻跟头打滚啊，女孩子拧毛巾、掐枕头啊，都可以把气出了。还有什么苦恼人热线、孤独者电话，还有生命线，英语是"Life line"，1960年美国就开始建立了，最早出现在洛杉矶自杀预防中心，很快推广到世界各地。

一位国企老总起来打断：教授！ 对您说的情绪发泄室我有不同看法，难道也让我们的员工对着老板的塑像辱骂踢打不成？ 那不是挑拨干群关系，侮辱领导的人格吗？

问得好！对西方的东西不能简单照搬。咱们的老百姓也会因为各种原因有怒气、怨气，因此就要有合理的宣泄渠道，所以就引进了心理辅导、心理咨询、心理治疗等多种心理服务。不但大学和中小学普遍设立了心理咨询或辅导中心，社会上的心理学服务机构也如雨后春笋，越来越多。至于情绪发泄室，通常用的是普通橡皮人。如果某个单位或某个企业领导愿用自身模拟塑像供下属或员工发泄，我看也无妨，国外资本家尚且有此雅量，我们作为人民公仆或勤务员又有何不可呢？总比怒气积累多了，产生不良后果要好。当然，我更希望多建立几处运动消气中心，特别是针对中小学生的，让他们通过运动发泄比击打橡皮人效果要好得多。你们找不到工作的，不妨在北京、上海、广州、深圳这些大城市自主创业，不需要很多投资，就可以做这个行业了，倘若信得过我，本人自愿给你们做顾问。

宣泄的方法我们已经讨论得很充分了，下面介绍另一种常用的情绪调节方法。

转 移

转移就是让你走出来，把注意力指向别处，别老在那里想来想去的。台湾省辅导学会前会长、我的好朋友钟思嘉教授在他送我的书中说："当心中有消极负面的想法时，越想它，就犹如盐巴撒在伤口上会越痛；就犹如车轮陷在泥沼中，越加油会越陷越深。"

前面列举的高级经理人应对压力、调节情绪的方法，以及方才各位提到的大多属于转移法。

有人问最早研究压力的加拿大学者塞利博士："你那么忙，是如何疏解压力的?"塞利回答说："我是用每天工作十二小时来解除压力的。"也就是说，他把注意力全部指向了工作，没有时间来想烦心之事。

西方有句话说得更透彻：让一个人烦恼很容易，就是给他足够的时间来想自己有什么不开心的事。

2008 年汶川"5·12"大地震一个多月后，有人在网上说：四川人就是活得潇洒，死了那么多人，还有心情打牌搓麻将。我替四川人辩解：打牌又怎么了？哭了一个多月了，难道要不停哭下去吗？开始搓麻将说明四川人活得很坚强，他们在极力摆脱地震灾难的阴影，要努力从死亡废墟中走出来，过正常的生活！当然，打牌搓麻将只是灾民转移注意的一种方法，抗震救灾、重建家园则是他们转移注意力、走出痛苦更积极、更有效的方法。

20 世纪 80 年代从国外传进来的卡拉 OK，就是因为能帮人们减压才流行起来的。唱歌既是发泄，又能转移注意力，还能增强人的免疫力。美国的一项研究发现，教堂唱诗班成员每次排练后，血液中免疫球蛋白增加 15%，一场正式演出后增加 24%。

人在烦恼时转移注意力的方法很多，看电视、电影，听听音乐，读读小说，打打球，跳跳舞，逛逛公园，旅游，钓鱼，集邮，书法，绘画，下棋，打牌，栽花，养鸟等，这些业余爱好不但有助于修身养性，还可以帮助摆脱烦恼。女同志逛街购物，这也是一种转移注意力的方法。更聪明的做法是只逛不买，用狂购来消愁解气，事后难免后悔剁手。

　　一位中年女同志插话：我每次遇到喜事就给家人做点好吃的；和老公生气，就拼命干家务，洗衣服、擦地板、打扫卫生或带孩子出去玩，这也是转移注意力吧?

完全正确！高兴了干活，不高兴了还干活。不但很会自我调节，还是个难得的好太太。请大家给这位女同志点掌声！你看女同志的调节方法就是比我们男的要好，男的动不动就抽烟喝酒，既费钱，又对身体没好处。

　　一位健壮的小帅哥说：我心情不好了就去踢球，追着球跑的时候，什么烦恼都置之脑后了。我还喜欢长跑，跑完之后神清气爽。
　　一位胖胖的小伙子接着说：我遇到不开心的事，便倒头睡大觉，睡醒了烦恼的事就忘了。

祝贺二位，将来都是长寿之人！打球跑步，健体又健心，岂能不长寿？跑步还能使大脑分泌多巴胺，这是快乐激素，跑后心情舒畅。这位心宽体胖的小兄弟，有人可能说你没心没肺，正是这种没心没肺、能吃能睡，使你如此健壮。那些心胸狭隘，一点儿小事便耿耿于怀、彻夜难眠的人注定要短命。
　　看来转移简单易行，方法多多，不一而足，希望在座的每个人都能找到一种自己喜欢又有效的转移方法。

幽　默

当你心情郁闷时，不妨听听相声，看看小品喜剧，心情一定会好很多。为什么一些相声和小品演员特别火，每年春晚离不了，就是因为人们压力大，他们让你哈哈一乐，就给你减压了，这是一种社会需要。
　　当然，我们也不能老是听相声看喜剧，更多的时候，还可以开玩笑，讲笑话，相互调侃，或自我解嘲，幽默一把。
　　什么叫幽默？有趣可笑而又意味深长、耐人寻味就叫幽默。幽默和滑稽不是一回事，滑稽只是可笑，当时逗人一乐，过后没留下什么。一个好的幽默越想越可乐，越琢磨越有味道。

幽默也是一种心理调节的有效方法。高尚的幽默，不仅能给生活带来欢乐，而且可以冲淡矛盾，消除误会。当碰到一种不可调和的或与己不利的情况时，为了不使自己陷入被动局面，最好的办法是以超然洒脱的态度去应付。在关键时刻幽默一下，往往可以使愤怒不安的情绪得到缓解，使紧张的气氛变得比较轻松。

下面举例说明。

公交车司机突然急刹车，一位先生没站稳，撞到一位摩登女郎身上了。这位小姐很高傲，很娇气，看这个男的其貌不扬，服饰平平，便没放在眼里，用力推了对方一下，脱口骂了一句："瞧你那德行!"被骂了的这位先生，既没生气也没发火，只对那位小姐笑笑说："小姐啊! 您说错了，这不是德行，是惯性!"顿时把周围的人逗乐了。

你看，本来当众让漂亮小姐骂了一句，你很不舒服，很不爽，甚至一天都会感到别扭。但是，开这么一个玩笑，大家一乐，你马上就不别扭了。这时候难堪的是谁呢? 是那位小姐。大家投以异样的或者是鄙夷的目光，似乎在说："这位小姐怎么那么没教养，人家又不是有意的，这哪儿是品德问题，不就是一个简单的物理现象吗? 你怎么能骂人呢?"反过来对这位先生，投以敬佩的目光，意思是："这位先生多有教养，多有学问，知识多渊博啊! 多机智、多幽默，反应多快呀!"甚至有的女孩子心里会暗想："嗯，将来找老公啊就得找这样的，他脾气多好，这生活多有意思啊!"你看这样一来你就变被动为主动了，到班上还可以对同事吹吹牛，津津乐道，讲讲自己如何智斗摩登女郎，很得意吧! 可见，幽默可以自我解脱，摆脱尴尬。后来有人又对这个段子做了补充，说那位小姐为了摆脱尴尬，又对这位先生说了一句："你原来是惯犯啊!"大家对她就不那么讨厌了。

再举一个例子。

20世纪80年代，有一天我到朋友家做客，观看了一幕家庭小戏。客厅里高朋满座，女主人忙着招呼客人。丈夫回来了，与朋友们寒暄过后，便去换拖鞋，妻子在一旁高声说："快去洗你的尼龙袜子和臭脚，别污染空气！"当着满屋的客人，丈夫脸一红，随即嘘了一声，故作神秘地说："小声点，脚臭(家丑)不可外扬！"本来有些窘的客人们顿时哈哈大笑。笑声中，父亲叫儿子去端水，儿子动作慢了些，爸爸脸一沉，儿子忙说，"您别急，我这是高速摄影机下的慢镜头。"又是一阵笑声……

我再讲一个幸福家庭的幽默故事：丈夫事业有成，收入颇丰，女的在家做全职太太。夫妻感情非常好，每天先生离家前都要和妻子拥抱吻别。一天早晨分手时太太问："老公！晚上想吃什么呀？我好给你做。"先生回答："想吃什么？想吃你呗！"说完在太太脸上亲了一口，匆匆上班去了。晚上下班回家一开门，见媳妇正在客厅里绕圈跑步，气喘吁吁，满头大汗。先生忙问："亲爱的，你在干什么？"太太嗲声回答："老公，我在给你热菜呢！快趁热吃吧！"你看这对夫妻多浪漫！不像有些家庭，先生一进门，女的便骂："死鬼！怎么才回来？又去哪儿鬼混了？"回来晚了，你给热热菜不就完了吗？

优裕的物质享受不能掩盖精神上的空虚，而丰富的精神生活却可以弥补物质上的清贫。富有幽默感，是上述两家人的共同特点，也是他们取之不尽、用之不竭的生活乐趣的源泉。

好了，我抛了几块砖，目的在于引大家的玉。下面我们要来一个幽默大赛，PK一下，看看谁讲的笑话大家笑的声音大，笑的时间长，我这里有纪念品作为奖励。哪位先来？

　　一位老板抢过话筒说：我先讲一个！ 我那位小司机开车经常违章，有一次让警察给拦住了，还不等警察给他敬礼，他先给警察敬个礼，嘴巴特甜，张口就"警察叔叔，我错了，百分之百错了，警察叔叔啊，您大人不记小人过，就把我当个屁放了吧！"这一说把那警察给逗乐了，笑完了说，"好了，走吧！走吧！下次注意！"

一个小的违章，逗警察开开心，他有可能高抬贵手，但对严重违章，不要说自己骂自己，就是叫警察爹也不行。还是教育你那个司机以后好好开车，不要违章驾驶了。

一位员工接下来说：他是老板，有司机开车，我多年都是骑自行车上班。有一天起来晚了，怕迟到，骑得比较快，人多车挤，一不小心，与旁边一个骑车女孩剐蹭一下，俩人都摔倒了，我压在了女孩身上。女孩很漂亮，以为我是故意的，一边推一边骂，"臭流氓！臭流氓！"我一边爬起来一边说："小姐啊！你忙我也忙，哪有工夫要流氓？这年头想要流氓都没时间，去晚了就扣奖金了！"这么一开玩笑，把那女孩给逗乐了，拍拍土，各走各的路。

在和人交往的过程中，我们常常会遇到这样一些窘迫尴尬或者剑拔弩张的情境，此时一个得体的小幽默，常常可以化干戈为玉帛，使剑拔弩张的局面顷刻化解，使窘迫尴尬的被动得以解脱。在一方心情恶劣或双方发生冲突时，刺激性的语言无疑是火上浇油！就是叨叨不休的劝解，也往往事倍功半。而一句幽默妙语，却常常能使对方变怒为喜，破涕为笑。

幽默，是机智和富有创造性的表现。幽默的人，不开庸俗的玩笑，更不随便拿别人的缺点或生理缺陷开心，而是以睿智的头脑，渊博的学识，诙谐的语言，巧妙地揭穿事物的本质和不合理成分，既一语破的，又使人容易接受。在一些非原则问题上，宁可自我解嘲，也不要去刺激对方，使矛盾激化。

幽默的功能远不止增添生活乐趣，化解矛盾冲突，讽刺不良现象，幽默还有利于身体健康。

西方有句谚语："一个小丑进城，胜过一打医生。"

英国哲学家罗素说："笑是最便宜的灵丹妙药，是一种万能药。"

1975 年，美国加州大学医学院发表一项研究，证实幽默和化学治疗对癌症病人的生命延续效果相同。

中医文献中也有幽默治疗的记载：清代一位巡按大人得了一种百药不解的怪病，一位老中医经反复询问病情后问："大人！您的月经有多少天没来了？您的病是经血不调。"巡按闻听大怒："老爷我是男的，哪来的月经？"于是把大夫赶走。以后逢人便讲："手下给我请了个名医，问我月经来了没有！"说完大笑不止，一个月之后，病竟然痊愈了。

英国戏剧大师莎士比亚指出："如果你一天中没有笑一笑，你这一天就算白活了。"

我们今天笑了多次，大家都没白活，要感谢方才几位讲笑话的先生。这几张卡片和书签送给你们作为纪念。

作为一个教师或领导者，你有幽默感，你就有魅力，就受学生和下属的喜欢。在国外，竞选、演讲、记者招待会、辩论，谁幽默谁受欢迎，谁的选票就多。这种幽默感是性格的一部分，其实也是人的智慧表现，需要聪明，需要创造性，所以幽默是有点难度的，必须要从小培养。西方人比较重视幽默感的培养，家长经常和子女开玩笑，小孩子也可以和父母调侃，学校里老师和学生也是这样。

幽默是精神的消毒剂，和谐社会需要幽默作为润滑剂。让我们的生活中多一些幽默吧！

以上三种情绪调节的方法，特别是宣泄和转移，人们在生活中用得比较多，下面再介绍几种心理学专业人员经常采用的方法。

脱　敏

我们情绪不好，有的时候是因为对某些事物敏感，从而产生强烈反应。人敏感的事物五花八门，各不相同，如有人怕黑，有人怕高，这就是对黑敏感，对高敏感。怕见生人，怕见权威，怕见异性，不敢与人目光对视，见人脸红、心慌、出汗、紧张，这叫社交恐惧。当然还有各种各样的敏感，如怕猫，怕狗，怕蛇，怕老鼠，怕虫子等。有的是见虫子就怕，有的专门怕毛茸茸的虫，有的说毛毛虫我不怕，我怕那种光溜溜的虫子，还有的怕那种脚多的虫子，见了就起鸡皮疙瘩。你看场内有的女同志已经浑身不舒服了，这就是敏感，这种敏感就会导致我们情绪上出现恐惧反应。

敏感了怎么办？心理治疗常用的方法叫作系统脱敏。所谓系统脱敏就是循序渐进、由弱到强地接触你所敏感的那个事物，以减轻其敏感性。一下子接触太强烈的刺激，你会承受不了，但你若总是回避，不肯接触，那你的敏感会越来越严重。现在让你一点一点地逐步接触到最强烈的刺激，这是一个慢慢适应、锻炼的过程。

有的人对某些事物十分敏感，甚至谈虎色变，一听别人说，他就不舒服。我在大学教心理学，有一次讲一个用老鼠做的心理学实验，我刚讲到老鼠，有一个女生就不自在，后来举手说："老师！我可以出去一下吗？"我问她："什么事啊？"她说自己受不了！我问怎么了，她说："我一听人讲老鼠，就难受得不得了！您这个老鼠得讲多久，讲完了我再回来。"你看，谈鼠色变，就那么严重！后来她学了心理咨询这门课，用课堂上学的方法慢慢克服了对老鼠的恐惧。她后来在作业中不但写了用什么方法使自己克服了对老鼠的恐惧，还讲了她当初为什么会怕老鼠。

按照弗洛伊德精神分析的观点，任何心理疾病都是有原因的，好多可能是幼年时所遭受到的精神创伤导致的。小时候她们家本来在城里，"文化大革命"期间被下放到了农村，乡下条件不好，住的那个平房脏兮兮的，到处有老鼠，个儿还挺大。家里没有卫生间，得出去到外边大街上去上厕所。大概在她五岁的时候，有一天早晨起来上厕所，睡眼惺忪，懵懵懂懂地走到院子里，看见一个吃了鼠药的老鼠躺在门口的地上。她那时候不害怕，就用手去捅它，捅来捅去，那只老鼠还没死，突然咬了她一下。这个对小孩子的创伤是很大的，以后只要一碰到老鼠，她就恐惧紧张得不得了，结果就形成了对老鼠的恐惧症。所以你恐惧什么，都是有原因的。那怎么办呢？

大家知道英达吧？他大学本科是学心理学的，后来到国外又学了戏剧，成为大导演。他拍过一部情景剧《心理诊所》，请我去拍摄现场看过。这是中国第一次系统全面地把心理治疗、心理咨询搬上了舞台，影响很大。那里边有一集是帮一个人克服对小动物的恐惧，好像是怕猫，采用的就是系统脱敏法。我只看了个片断，估计大概是这样做：先经常在你面前说猫，说了你不舒服，我还说，说得多了，你就习惯了，适应了；然后再进一步，给你房间里挂张画儿，画的猫，你一进来就不自在了，但是天天看，天天看，慢慢习惯了就不怕了；然后再逐步地让你看远处的猫，近处的猫，别人怀里抱的猫，轻轻摸一下猫，到最后可以过渡到抱抱猫，这就叫作系统脱敏。

一位又高又壮的小伙子突然插话：老师，我不怕小动物，我怕高！一站到高处就哆嗦，甚至从楼上往下看都发晕，老有一种要掉下去的感觉，这也是一种恐惧吧？怎么才能脱敏呢？

你这是典型的恐高症。方法很简单：在半尺高的讲台上走，我想你一定不会紧张；站到椅子上，可能有点紧张，多站一会儿就习惯了；再站到桌子上，腿有点软，心有点慌，做几次深呼吸，感觉会好些，每天练几次，慢慢也会习惯；以此类推，逐步升高，从一楼到三楼再到五楼、八楼乃至更高，你对高就不恐惧了。

一位女同志接下来问：我女儿胆小害羞，课堂上不敢发言，怎么办？

方法很简单：平时在家里，只要她开口，不管讲什么，你都耐心听，听得津津有味，还要夸她讲得好，她对你讲话就不会紧张，无论在幼儿园还是学

80

校，发生什么事都会回来对父母说；再由亲人过渡到熟人、亲友、邻居、老师、同学，大家都喜欢听她讲话，她的胆子就会越来越大；再由熟人到陌生人，由人少到人多，先在小组讲，再在课堂或班会上发言，最后到全校大会上演讲或与人辩论，说不定以后会成为演说家或电视节目主持人。请大家鼓掌祝她女儿成功！

大家热烈鼓掌。

一位中年领导起立发问：教授！我是个局级干部，不知为什么，自从担任正职之后，变得不敢上台讲话了，往往心跳加快，语无伦次，重要场合都让副手上台，您有什么办法吗？

还是请大家为这位局长会会诊，出出主意吧！

场下七嘴八舌，有人说：你是责任重了怕出错；有人说：你是到了新岗位一时不适应，过一段就好了；有人建议他按以下程序反复锻炼：照稿子念—照提纲讲—打好腹稿—即兴演讲。

大家活学活用，可以当心理医生了。我在读大学时很羡慕有些同学侃侃而谈，我连在小组讨论时发言都很紧张，一定要反复准备，把每句话都想好才敢开口，结果还是满头大汗，语无伦次，不知所云。但是现在我就不怕了，锻炼出来了，有时候下边坐的是省部级领导、将军，也和给你们讲课一样，因为已经习惯了，脱敏了。那么，你如果紧张怎么办呢？别回避！越回避将来会越紧张。如果不敢见人就不见人，不敢见异性就回避异性，不敢见领导就回避领导，不敢上台就不上台，这样下去你的问题会越来越严重。所以只要不回避，相信这位领导会很快走出暂时困境的。

　　一位中学教师问：我们有些学生，平时学得不错，一考试就紧张，往往发挥失常，能否用系统脱敏法来矫治？

　　这种情况叫考试焦虑，中学生最多，小学生、大学生也有，成年人也一样会怕考试。一考试就心慌，睡不着觉，考前脑子乱糟糟的，学不下去，考试的时候脑子一片空白，那怎么办呢？

　　克服考试焦虑最重要的是增强自信，功底扎实，准备充分，胸有成竹，考试自然不会紧张。但也有人平时学得很好，考试照样紧张，除了用积极心理暗示，增强自信外，也可以采用系统脱敏法：先是在脑子里想象自己的同学或家人在考试，还好，没觉得紧张；那就想象自己正在参加一次平时的小考试，噢，稍微有点紧张，有点紧张怎么办呢？去放松，我们后面会介绍一些放松的方法，如做深呼吸，或者想象一个宁静优美的画面，让自己平静下来。心情平静了，不慌了，那就再想考试，哎，又有点紧张了，就再放松，直到想考试不紧张了，没有那种生理的反应了。然后再升级，想一场较为重要的考试，又紧张了就再放松。接下来想象参加一场更为重要的考试，再想中考或高考前一天的晚上，会紧张，失眠睡不着，那就去放松，然后再想，再放松。接下来想象坐在中考或高考的考场上，想象那个紧张的气氛，或者碰到难题了，一感到紧张就放松。就这样从想别人到想自己，从小考试到大考试，直到不再紧张为止。

　　系统脱敏方法有两个要点。一个是将紧张刺激由弱到强排列时，梯度既不要太大，也不要太小。跨度太大，可能因无法成功而放弃；梯度太小、太多，又会产生厌倦或效率太低。另外一点是要和放松练习结合起来，这样效果才更好。

　　一位小伙子起立高声问：老师，我从小到大身经百考，怎么不但没脱敏，反而越考越紧张了呢？

原因很简单！就是因为你每次考试都没有去放松。以后每次考前，你可以在考场做几个深呼吸，或者闭上眼睛，想想什么小桥流水啊，蓝天白云啊。如果考试过程中碰到难题紧张了，可以捏捏手，搓搓脸，让自己松弛下来。

系统脱敏就讨论到这里，下面再介绍一种和系统脱敏刚好相反的策略，叫作满灌。

满　灌

这是一个翻译过来的词，也有人把它译作洪水法或冲击法。脱敏和满灌都属于行为疗法，又都称作暴露疗法，就是暴露在那个引起心理障碍的事物面前。系统脱敏是由弱到强逐步地暴露，满灌是一次到位，你越怕什么越去接触什么。也就是说，一次就把最严重的刺激摆在你面前，你要把这个难关渡过了，那以后比它轻的当然就不成问题了。系统脱敏需要一个漫长的过程，就像我们助人克服考试焦虑或者社交恐惧，要做好多天，一天可能就升一个台阶，练习一个情境，觉得稳定了再升一级，所以花时间比较多。满灌的好处是短平快，一下子问题就解决了。这样说大家不好理解，还得举例说明。

比如，对恐高症，逐步升高的系统脱敏法已经讲过了。那么满灌怎么做呢？满灌法是一上来就让你跳蹦极，给你把安全带拴好了，突然一下就推下去，连续跳，跳来跳去就没事儿了，那站在比这低的桌子、窗台上还会紧张吗？当然不会紧张了。但是这种现实满灌要慎用，只有专业人员在心理治疗的时候才可以用，一般人不要尝试这种方法。比如，这个女孩子怕蛇、怕虫子，你捉一条无毒的蛇一下子放到她连衣裙里面，或者弄一堆不咬人的虫子，撒在她周围，那她可能就吓坏了，或者一下子心脏病突发、脑血管破裂，这就得抢救了。所以满灌法不要乱用，弄不好就要出问题。那我们平时可不可以用这个方法呢？可以用！可以用虚拟的、假想的满灌，这里举一个我的咨询案例。

　　20 世纪 80 年代，我刚从美国学习回来不久，接待了一个女青年，一个稍微大龄的女青年，三十岁了，婚姻问题还没有解决，那个时候三十岁以上的未婚女青年不多，所以很着急，于是到我这儿来咨询。

　　她说别人给她介绍了一个男朋友，见了几面，自己感觉不错，很想继续交往下去。但是这个小伙子最近有好多天不跟她联系了，那个时候没有手机，更没有短信和 E-mail，一般都是当面约，要不然就靠打电话，还是公用的，得别人喊来喊去的，很不方便。她说，最近对方既不来电话，也不来看自己，心里就直犯嘀咕，吃不下睡不着。所以前来问我："老师啊！你说这么多天他不来看我，不跟我联系，是不是就要跟我分手了？"

　　我们心理咨询不是给人现成的答案，也不是讲道理，更不是给人出主意，替人做决策。心理咨询是助人自助，我们主要是倾听，这是心理咨询的一个重要原则。我在美国学心理咨询的时候，有一位教授讲：什么是心理咨询？书上有很多定义，我就不一一讲了，你们自己去看就行了，我给你们一个更简单的定义。"What is counseling？Counseling is to rent your ears."（什么是咨询呢？心理咨询就是出租你的耳朵。）主要是让你来倾听的，不是让你来说教的。

　　有些人以为自己伶牙俐齿，能说会道，可能就适合做心理咨询；或者我知识渊博，人生经验丰富，我什么都懂，你有问题来问我好了，我来给你分析解答，那都不叫心理咨询。现在很多人都想当咨询师，有的人还到我这儿毛遂自荐。我问他为什么要学心理咨询？他说自己表达能力比较强。我心里暗暗想，这样的人心理咨询可不可以做？可以做，但是效果不会太好。太爱说话的人，表达欲望太强烈的人，其心理咨询效果往往不佳，因为他不会很好地听别人讲话，他急于要表达，要说教，那就不会有好效果了。

　　我另外还有一门课是"沟通与说服"，重点讲说服的艺术，其中有一节讲的是"倾听是最好的说服"。当然，听，只是让来访者宣泄，我们也不是光听，听完了要问，通过巧妙提问，引起他思考，让他在回答你问题的过程中，慢慢地自己厘清思路，自己找到答案，自己走出来，而不是你给他一个现成的答案和主意，是让他自己学会做决策，自己找到解决办法。

我就用刚才这个案例来说明如何将听和问结合起来。我先耐心听她讲，表示理解、同情，然后不断问她一些问题，投影屏幕上是我们的对话记录：

"嗯，你现在心情不大好，你的男友这么多天不来找你了，你很烦恼，我对你的心情能够理解。可你为什么会认为他要跟你分手，你怎么会有这么一种想法呢？"

"我有预感。"

"你的预感是从哪儿来的？"

"来自我的经验。我原来谈过几个朋友，都是别人介绍的，开始都谈得挺好，可谈着谈着，也不知道什么原因，每次在一起的时间越来越短，而两次见面的间隔越拉越长，就这样谈着谈着，不知不觉就谈没了，反正最后都不了了之了。你看这个啊，又是这种情况，又开始跟我疏远了，我能不担心吗？"

你看，她想得有点道理吧，那我们现在可不可以得出结论呢？有人会说："我看，悬！还是另打主意吧！"那是普通人的做法，一般亲友之间可能这么说："唉！他不理你没关系，你可以再找别人嘛！实在不行，我给你介绍一个。"我们心理咨询不能这样，因为那个对方究竟怎么回事，你并不知道，不要想当然！所以我还是继续问她，请再看屏幕：

"有几天没见面了？"

"都一个多礼拜，十来天了！"

"他没来找你，也没给你电话，那你有没有主动找他，有没有打电话给他啊？"

"没有！"

"为什么你不找他啊？"

"我不敢！"

"你怕什么啊？"

"我怕他拒绝我，我经不起这打击，我已经失败这么多次了，如果他拒绝我，我就完了，非崩溃了不可！"

"既然如此，请你坐好了，闭上眼睛，做几个深呼吸。然后听我说，我说到哪里你就想到哪里，脑子里浮现出相应的形象和画面。

现在你回去给他写封信，因为你打电话找他不好找，当面约你又不敢，怕被拒绝。写信不会立刻反馈，所以比较安全。信的内容是星期天中午十二点，你在单身宿舍等他，请他吃午饭。信写好了，装到信封里，贴上邮票，扔到邮筒里。回来就盼着，一天了，两天了，都在北京，应该收到了。他收到了信会有什么反应啊？会跑来，还是来个电话，还是回封信呢？你就在那儿盼，一天没有消息，两天没有消息，度日如年！每天寝食不安，怎么回事啊？他怎么不给回话啊？他到底来不来啊？一天又一天，好不容易熬到了星期六晚上，约他明天中午见，到现在还不给回话，估计不大可能来了。你心里直犯嘀咕，一夜翻来覆去睡不着！你不断地想，完了，这个男朋友又算吹了。

折腾了一夜，第二天头昏脑涨，迷迷瞪瞪，这一上午啊，什么也做不下去，一会儿坐下，一会儿起来，出去，进来，闹心啊！心烦意乱的，一会儿一看表，九点了，十点了，十一点了，十一点半了，哎哟！差几分钟就十二点了，约他十二点来，到现在一点儿信儿都没有，估计不会来了。

就在你快要绝望的时候，突然听见咚！咚！咚！哎，有人敲门，你一看表，刚好十二点，肯定是他来了，还挺准时。哎呀！你好高兴啊！赶紧跑过去，把门打开了，结果大失所望，不认识，一个人敲错门了。哎！很扫兴。回来再一看表，十二点多了，过五分了，过十分了，过半小时了，肯定不会来了。就在你彻底绝望了的时候，突然又听见咚！咚！咚！又有人敲门，这时候你的心就嘣嘣跳，那边门咚！咚！咚！你这心嘣！嘣！嘣！哎哟，好激动啊！这次是他来了，还是又有人敲错门了？他来了会怎么说啊？好像法官就要宣判结果一样，你等着宣判，等着谜底揭开。你的心嘣嘣跳着，哆哆嗦嗦地把门打开了，开门一看，太好了！就是他来了，你好高兴啊！笑着迎上去：'哎呀！你来了，快请进吧！外边天挺热的，是不是堵车了？快进来坐！'

你是一盆热火，可对方却冷冰冰地说：'你有什么话就在门口说吧！'你一看不好了，怎么这么冷啊？以往不是这样的呀！那不行，怎么也得让他进来，在外边楼道里怎么说啊？'你看你已经来了，还是进来吧！坐下喝杯茶，然后带你去吃饭，今天我买单。''还进去干什么呀，这么多天都不明白啊，还非得要我当面把话说清楚？要不大家都说你这人木，看来还真有点儿木啊！'完了！这已经是宣判了。这时候你才发现，难怪这么冷冰冰的，后边跟了一个女孩，又年轻又漂亮，人家新朋友看着呢，那能进来吗？彻底没戏了！哎哟，你在那儿脸一会儿变红一会儿变紫、变青，气得煞白，张口结舌什么也说不出来。你老不说话不行啊！人家问：'你找我来有什么事，你还有什么话要说，咱们之间还有什么不清楚的，你赶紧说！'你说什么呀？光生气了。'哎！你到底有事没有啊？你没事我们还有事呢！我们要看电影去。有事没有？没事我们走了！'俩人一挎胳膊，那女孩还回头对你'拜拜'！你眼睁睁地看人家俩人挎着胳膊走了，回来把门一关，愣了半天，最后号啕大哭，彻底没希望了！"

我讲到后来，她的脸色真的变了，气儿也出不匀了，汗也冒出来了，我一看她进入状态，有了感受和体验了，于是接着说：

> "好了，请睁开眼睛，喝杯水，做做深呼吸放松一下。咱们聊聊别的。哎，你老家是哪儿的，做什么工作呀？"

聊了一会儿家常，我看她的情绪稳定了，就又让她闭上眼睛，我从头到尾再来一遍，她脸色又变了，然后我再让她放松。就这样反复做了五六遍，到后来她还有那种反应吗？没有了，听了上句就知道下句了，该开门了，该拜拜了，什么反应都没有了。下面屏幕呈现的是我和她的最后一段对话：

> "好了！说说你有什么感受，有什么想法？"
> "不行！我得找他去。"
> "为什么要找他？"
> "老这么悬着，到哪天是个头啊？该死该活呀，宣判早一点儿！天天这么拖着，我这人非垮了不可，不能人不人鬼不鬼地这么折磨自己，赶紧让他给个痛快话！"
> "你不是不敢去吗？怎么又敢了？"
> "有什么了不起的！最坏不就像你说的这样嘛！看来我也垮不了！"

你看，承受力增强了！我这里用的就是满灌法。

大家可能说，这满灌法不是太危险就是太复杂，那我们在日常生活中怎么用啊？

有一次我给一些领导干部讲课，先让他们来交流，碰到烦恼不开心的事怎么调节？大家你说一个办法，他说一个办法，有位领导当时就说了，你们的方

法都太麻烦,我有一种更简单的方法,碰到什么不开心的事,我就这么想:
"有什么了不起的!大不了能怎么样啊?大不了不过如此,大不了我不干了!"
他用的是"大不了"法,最坏也不过如此!这样就解脱了,没有什么了不起的,
不会吃不下睡不着了。

这个"大不了"法就应该归于满灌疗法,所以我们平时也在用。就连邓小平
同志也常用这种方法。有一个外国记者问他,你经历了这么多波折怎么身体还
这么好?他回答说,我怕什么呀?最坏不过天塌了,天塌下来还有那高个子顶
着呢!这话出自小平之口,既是满灌更是幽默。小平同志调节方法很多,又游
泳又打桥牌,又有幽默又有满灌,调节方法多,活到九十多!正是因为有了这
种乐观的心态,他才能饱经磨难,依然健康长寿,为中国革命事业做出了巨大
贡献。我们要向小平同志学习,既会工作又会休息,还会玩,劳逸结合,有张
有弛,不要学那些带病坚持工作的同志。

放　松

我们的不良情绪,无论愤怒、恐惧、生气、郁闷还是焦虑,都常常是一种
紧张的反应。适度紧张可提高工作和学习效率,过度紧张你会紧缩眉头,心跳
加快,呼吸变得急促,肌肉变得僵硬,动作会不灵活。你看我们考试的时候写
的字,都没有平时写得那么好,那么流畅;运动员一紧张,动作就会失误,平
时根本不可能发生的问题都可能会出现,这时候就是过度紧张了,更严重的,
还会哆嗦、发抖。

情绪不好、过度紧张怎么办,需要放松。怎么放松?我这里教给大家几种
消除过度紧张、放松心态的方法,这些方法既具有可操作性,又简单易学。

第一种方法是调息法,就是深呼吸。很简单吧!下边已经有的同志在做
了。深呼吸又叫作腹式呼吸,气吸进来让腹部膨胀,然后再慢慢地吐气,吐长
气。这种方法有什么道理?前面讲过,我们人的身和心是一个统一的整体,你

精神一紧张就有生理反应，你会心慌气短，做几个深呼吸立刻能够缓解这种紧张。为什么呀？因为紧张的时候是交感神经兴奋，引起肾上腺素分泌，你就会心跳加快，呼吸变得急促；而你做深呼吸的时候是副交感神经兴奋，刚好跟它相克，心慌气短的症状便会消除。

第二种方法是紧绷法。美国心理学家发明了一种神经肌肉渐进式放松法，所谓渐进式，就是一部分一部分地放松，有的从手开始，有的从脚开始，有的从头开始，我讲课觉得从手开始比较方便，一般的人也习惯这样。先让你握拳，握紧再握紧，紧的不能再紧了，然后放松，伸开手掌，体会那种紧张和放松的不同。连续做几遍，然后再屈臂，绷紧再绷紧，坚持再坚持，紧的不能再紧了，然后放松再放松。双手和双臂做完了，再做头部。用力地皱紧额头，让前额肌肉绷紧，紧完了，放松——放松——，让你的头皮和额头放松。然后用力皱眉，闭眼，让眼睛周围肌肉紧张，紧完了，再放松——放松——。然后用力地耸鼻子，咬牙。接下来脖子用力，双肩往前、往后用力绷紧。然后胸部绷紧，腹部绷紧，大腹小腹都绷得硬硬的。接着背部、腰部用力，你可以体会一下，让它硬硬的。接着提肛夹臀，从大腿、小腿到脚趾。就这样一部分一部分绷紧，放松，从头到脚，从躯干到四肢，通过充分的绷紧，让你的肌肉紧得不能再紧了，然后放松，放松。你全身的骨骼肌肉都放松了，你的内脏也会跟着放松，甚至你的大脑都会入静，脑子就不会那么乱了。

这种放松方法在国外很流行，特别是运动员，经常用这种方法放松，很有效。对这种方法有的人不大接受，认为没用。方才我听到下面有人小声嘀咕："我是精神紧张，你让我练这个肌肉，二者没关系嘛！"那是不懂得原理。我们人的身和心是紧密相连的，精神紧张就会带来全身的紧张反应，而身体紧张又会使你的精神更加紧张。你越紧张，心跳越快，肌肉越僵硬。当你感到心慌气短、浑身发抖时，你会更紧张。直接让你放松你不会，所以只能以毒攻毒，物极必反，紧得不能再紧了，到了极端了，你就要放松。你看按摩师把你的肌肉捏紧，放松，挤压，放松，也是这个道理。按摩很解乏、很舒服的，当然那个你要花钱，花时间也比较多。所以，咱们可以自己做！绷紧，放松，绷紧，放松，在座的不妨试一下。

1985—1986 年我在美国学习心理咨询和心理治疗，经常做这个放松练习，开始认为挺神秘，觉得美国人聪明，发明这么好的办法，看起来挺简单嘛，咱们怎么就没想到呢？有一天，在做放松练习的过程中，我突然来了个灵感，发现这东西没什么神秘的。想起我小时候在乡下，那个马和驴干完活了，要找个地方打滚，现在的城里孩子很多都没见过这个。哎哟！用力地滚动啊，躯干四肢都在用力，那就是绷紧了肌肉，它一边滚动还一边嗷嗷地叫，那就是深呼吸。滚完了，叫完了，然后站起来再抖几下，除了抖掉灰尘，还有一个含义就是放松——放松——，它不会说，但是它会做，"驴打滚"就是一种本能的自我放松。当然我们人类文明了，不能满地打滚了，但是我们在进化过程中，从哺乳动物祖先那里保留下来了一些有益于身心健康的行为，我们会打哈欠，会叹气。大家看下面这位小伙子在打哈欠，那就是在做深呼吸。说明你的大脑有点缺氧了，有点困倦了，打个哈欠，就有精神了。我们郁闷了，烦了，叹几口气，也就舒服了。我们还会伸懒腰，来！大家可以跟我伸一伸，试一试！都来做，动作再大一点！体会到没有？伸懒腰是什么感受啊？是不是在用力啊，是不是在绷紧啊？你越用力，最后你放松得就越好，伸完了感到很爽吧！打哈欠、叹气、伸懒腰和驴打滚，是异曲同工，同唱一首歌，都是在自我放松。

所以，我跟美国教授讨论，说这种放松肌肉的方法不应该算你们美国的专利，他说这是某某教授发明的。我说那也不能算，他问为什么，我就讲驴打滚和这是同样的道理。这个教授没见过驴打滚，他不懂，问我什么意思，我就连说带比画，给他讲那驴打滚是怎么回事，他听完了，明白了，嗯，"You are right!"（你讲的有点道理！）它是在做放松。我说这能算专利吗？这都是本能啊！他说那你们不会，就得跟我们学！我说我们也会啊！我们会伸懒腰。

但是，毕竟人家把它变成了一套程序，系统化、科学化了，怎么呼，怎么吸，怎么绷哪一块肌肉，配上音乐，然后做成了磁带，现在又变成光碟，就成为专利了，所以我们还得向人家学。这是第二种放松方法。

第三种是冥想法，又叫作情绪心像法，就是通过想象，通过心理图像，大脑里浮现出画面，来调整你的情绪，改变你的心态。想什么呢？一种是想高兴的事情，想你从小到大过五关斩六将的开心事。比方，上幼儿园时，你还登台演出过，唱过歌跳过舞；你小学时还考过第一，得过一百分；你中学有一次比赛获奖了，走上台领奖状；你拿到大学录取通知书；或者是你拿到了升职任命书；或者你第一次约会；或者哪次玩儿你赢了，打球啊、打牌啊等，将当时那个场面在脑子里浮现出来，一定要出现画面，把那个感觉找回来，再陶醉一回，这时候你就非常放松了。

所以，对那些抑郁的人，常常想不开心事情的人，一定要引导他回忆回忆，你也有好时候啊！把那些得意的事情经常在脑子里过一过，浮现出来好好陶醉一下。有时候自己没有开心事也可以想别人，如你崇拜姚明，可以想自己就是姚明，2.26米，到了NBA，一场球，你一个人得了三十八分，扣了十个篮，盖了八个帽，那个扣篮动作特别酷，就是你做的，想一想真美！你崇拜巩俐、章子怡，你就想到奥斯卡去颁奖，找找感觉。当然也不能整天做白日梦，想入非非，生活在幻想当中。整天在那儿洋洋得意、沾沾自喜，只幻想而不努力做事，是绝对不行的。但心情不好的时候，不妨这么调节一下，偶尔想想是可以的。

还有一类想象法更值得推广，就是想象美好的景色，像什么采菊东篱下，悠然见南山呀，小桥、流水、人家呀，床前明月光，月上柳梢头啊等都可以。好，现在我带领大家集体做一次练习。在场的以及电视机前的观众，请大家舒适地坐好，怎么舒服怎么坐，靠在椅背上，两手放在膝盖上，一定要闭上眼睛，脑子里浮现出画面，效果才好，否则就找不到那种感觉。

（柔和的音乐响起）

请大家闭上眼睛，先做几个深呼吸，用力地深深地吸一口气，吸满，下沉，把腹部膨胀起来，憋住气，然后再慢慢地吐气，吐长气，要慢、要匀，好，再用力地深深地吸气，吸进氧气，吸进能量，让氧气随着血液慢慢地渗透到你的全身，你的全身充满了力量，然后再慢慢地吐气，吐长气，吐出二氧化碳，吐出你的烦恼和不快乐。好，吸气，吸进能量，吐气，吐出烦恼，吸气——吐气——，吸气——吐气——。

下边想象你来到一片大草坪，绿草如茵，草坪厚厚的、软软的，现在你躺在了草坪上，微风拂面，你闻到了泥土和青草的气息，你的周围开满了鲜花，五颜六色，红的、黄的、蓝的、紫的，你闻到了花的香味，花的周围有几只蜜蜂和蝴蝶在轻轻地飞舞，你听到了蜜蜂的嗡嗡声。

你的左侧是一湖秋水，水平如镜，一点儿波浪都没有，只有几只鸭子和鹅在轻轻地游动，白毛浮绿水，红掌拨清波。你的右边是一片树林，树林密密的，林间有条小路，曲曲弯弯，非常幽静，你听到了鸟和昆虫的鸣叫声。你的前方是一条小河，小河流水哗啦啦响，河面上有座小桥，河边有几棵柳树，柳枝下垂，随风摇曳。

你的头上是一片蓝天，蓝蓝的天上白云飘，一大团白云，厚厚的，白白的，像一大团棉花一样，白云在下落，下落，下落，落到你身边。白云缭绕，紧紧地包裹着你，现在你躺在了白云上面。你的身体随着白云轻轻向上飘，越飘越高，越飘越高，身体越来越轻，越来越轻，飘啊飘，有一种飘飘欲仙的感觉，高空非常凉爽，非常舒服。你的身体随着白云飘向远方，越飘越远，越飘越远，飘到了大海边。

蓝色的大海，金色的沙滩，阳光，海浪，沙滩。白云载着你的身体下落，下落，下落，你的身体在下沉，下沉，越来越沉，越来越沉，落到地面。现在你躺在了沙滩上，沙子细细的、热热的、软软的，太阳照在你身上暖暖的，你感到全身温暖，从头到脚，全身温暖。

海浪呼啸着，高高的浪头，白白的浪花，声音由远而近，啪！拍到你身上，海水好凉，好咸，海浪没过你的身体，又慢慢退下去，退下去，浪头、浪花消失了，声音越来越远，你再次感到全身温暖，越来越暖。又一个浪头拍过来，好凉，好咸，海浪又慢慢退下去，退下去，你再次感到全身温暖。就这样，海浪一下又一下轻轻地拍打着你，啪——！拍过来，哗——！退下去，拍过来，退下去。你的身体一凉，一暖，一凉，一暖，海浪一下又一下轻轻地拍打着你，海水冲掉了你所有的烦恼和疲劳，你所有的烦恼和疲劳都被海浪冲得干干净净。

白云又落在你身边，你的身体又随着白云向上飘，越飘越高，越飘越高，身体越来越轻，越来越轻，飘啊飘，又飘回了我们这里。白云在下落，下落，你的身体在下沉，下沉，越来越沉，落到地面。

现在你重新坐在椅子上，感到非常舒服，非常放松。放松——，全身放松——，头皮放松——，额头放松——，前额放松——，眉头放松——，面部、颈部放松——，躯干、四肢放松——，头皮放松——，额头放松——，前额放松——，眉头放松——，全身放松——，继续放松——，越来越松——，放松——，放松——，现在你感到非常舒服，非常放松。

下边我从五倒数到零，随着我的数数，你会越来越清醒，当我数到一的时候，请你睁开眼睛，数到零的时候，你会彻底清醒。醒来后你感到精力旺盛，心情愉快，你的身体越来越好，工作、学习效率越来越高，人际关系越来越和谐，你的睡眠很安稳，很香甜，你对未来充满了信心，你的前途一片光明！

好，五——四——三——二——一——零！

好了，方才带领大家休息了一会儿，这就是放松。

上面的放松方法，通常是用磁带或光碟来播放，以轻音乐作背景，加上流水声、海浪声以及虫叫鸟鸣，配以相应的语言描述和积极的心理暗示，语调很轻，语速很慢，不但可以用于放松减压，还可用于增强自信、瘦身美容以及催眠治疗等。

20 世纪 80 年代我回国后，我们把这些东西引进来，先是用于运动员，后来给高考前的学生做，现在也给企业白领、老板、公务员以及党政军领导干部用，飞行员、航天员也用，一些企业把这种光碟作为福利发给员工，有些监狱还用这种方法让犯人放松入静。中国浦东干部学院、中国纪检监察学院、中央国家机关身心健康基地，还专门设立了音乐调适室，研制开发了多种放松减压的音乐光碟，如草原篇、森林篇、海洋篇，以及春夏秋冬、金木水火土等不同主题，很受学员欢迎。

这种方法很适合失眠患者，方才有些人已经快睡着了，所以我们还要采用另外两种方法兴奋一下。

第四种是呐喊法。前面讲过，呐喊是一种宣泄，实际上也能用来放松。下面我们一起做：

全体起立！挺胸抬头，双臂上举！啊——噢——哈——哄——！同时弯腰，双臂向下交叉摆动。大家一起来：

啊——噢——哈——哄——！

啊——噢——哈——哄——！

很好！再来一遍！啊——噢——哈——哄——！

啊——噢——哈——哄——！

其实也可以比这更简单，啊哈！啊哈！啊哈哈哈！

啊哈！ 啊哈！ 啊哈哈哈！

还可以一边拍手一边喊：哈！哈！哈——！哈！哈！哈——！哈哈——哈！

哈！哈！哈——！哈！哈！哈——！哈哈——哈！

就这样喊一喊，喊完了是不是挺舒服的，不那么郁闷了吧！

第五种是按摩法。前面讲的紧绷法是对肌肉的自我放松，现在我们来相互放松。大家先看屏幕，这张照片是我在中国浦东干部学院带领香港学员做放松练习。

图 3-1 工作坊上的放松活动

请大家围成一个圆圈，然后顺时针走动，再把手搭在前面人的肩膀上，给队友捏捏脖子，揉揉肩，捶捶背，拍拍腰，捏一捏，揉一揉，捶一锤，拍一拍。向后转！继续走，继续做！捏捏脖子，揉揉肩，捶捶背，拍拍腰！下面我喊"同志们辛苦了！"你们要齐声高喊"为人民服务！"好！捏一捏，揉一揉，捶一锤，拍一拍！

"同志们辛苦了！"

	"为人民服务！"

"同志们辛苦了！"

	"为人民服务！"

停！服务得满意的可相互给点小费，这不算腐败！

放松的方法远远不止这些，你去散散步，喝喝茶，洗洗脚，理理发，听听音乐，泡泡温泉，冲冲淋浴，都是一种放松；像练气功和瑜伽那样，把意念集中在身体各部和内脏器官，感到温暖或发热，也是常用的放松方法。

下面解散！休息一刻钟！

暗　示

在精神分析中经常用到催眠、暗示这些术语。刚刚做过的冥想放松，就是一种催眠。所谓暗示指的是不自觉地、下意识地受了自己或者别人言语行为的影响。受自己影响叫自我暗示，受别人影响叫他人暗示，受环境影响叫情境暗示。这种影响可以是正面的，也可以是负面的，因此有积极的心理暗示，也有消极的心理暗示。

　　暗示能影响行为、影响情绪，甚至能引起生理反应，从而影响健康。杯弓蛇影、望梅止渴都是心理暗示起作用很好的例证。你看，曹操一说前方有梅子林，士兵们的口水就不自觉地流出来了。看到酒杯里有蛇，酒后就肚子疼；把那个墙上的弓摘下来，影子没了，肚子就不疼了，这就是心理暗示。

　　还有一个类似于杯弓蛇影的故事，说的是唐太宗李世民，一次打猎口渴了，那个时候皇帝也没有现在这么好的条件，你看咱们出门有易拉罐、矿泉水什么的，皇帝可没这待遇，口渴了怎么办啊？只能找小河、小溪，在那儿趴着喝，喝着喝着，呦！怎么水里有条蛇啊？喝完一抬头，哎呀！这蛇怎么没了？钻到我肚子里去了吧？你看方才还有，这一喝就没有了，肯定钻肚子里了！先是觉得胸口有点堵，后来就觉得肚子疼，疼得受不了。那些太医、御医啊都没办法，后来魏徵把孙思邈给请来了，那是天下名医。孙思邈一诊脉，一了解情况，心想那蛇怎么可能钻到肚子里去呢？往皇帝身上一看，明白了，原来李世民的帽子上、衣服上有龙，映在水里边，就好像蛇在游，低头喝的时候有，一抬头影子没了，就觉得蛇钻进肚子里了，这和那杯弓蛇影不是一个道理吗？这是心病，疑心生暗鬼，心病就得心药来医，怎么办？孙思邈派人捉了一条小蛇，药水里泡了泡，放进竹管，藏在袖子里，然后不动声色地说："陛下肚子里确实钻进一条蛇，不过没关系，我可以用药给你打出来。"接着给李世民服了一服催吐的药，他吃完药就呕吐，吐着吐着，这蛇就出来了。李世民一看，啊！蛇吐出来了，一下就不堵了，也不疼了。这就是心理治疗，用的是暗示疗法。

　　我们中医是讲心理治疗的，强调身和心的辩证关系，中医文献里类似这样的案例不是个别的，这里我再讲一个。有位女孩一伸懒腰，这胳臂举上去下不来了，这怎么办啊？吃什么药也不灵。有个老中医懂得心理治疗，知道这是一种癔症，对癔症没有什么有效的药物，最有效的治疗方法就是心理暗示。老中医说，我走南闯北，你这种病啊，我见得多了！很好办，肯定能治好，不用吃药，烤一烤就好了。用什么烤啊？用针灸的艾条。烤哪儿啊？烤肚脐眼儿。那时候可不像现在，女孩子把肚脐露在外边，过去都捂得严严的，免得受风着凉。老中医点着了艾灸，就来解这女孩的腰带，就在裙子带刚要解开的一刹那，还没等烤，女孩胳膊立刻就放下来了，赶紧提裙子，要不然就走光了。哎，就这么简单，心理暗示把潜意识中的障碍打通了。她原来并不是装的，她是真的动不了，但是现在她也真的好了。

这种癔症表现有很多种，有的会突然看不见、听不见，突然说不出话来，突然动不了，突然哪里特别疼，你去检查吧，哪儿都没毛病，这在国外书里边介绍得很多，都是用暗示治疗。

一个人腿疼得不得了，去医院检查，骨骼、肌肉、血管、神经哪儿都没坏，没有任何器质性的病变，只是功能一时发生了故障。就像我们的电脑，有时候会突然死机，按哪儿都不动了。人这个复杂的系统也这么怪，某个器官也会莫名其妙突然发生问题。医生对他说："我们医院有特效药，专门治你这种病，往腿上打一针保证好。"慢慢往腿里注射，接着问："怎么样啊，感觉到腿有点热了吧?""啊! 是有点儿热。""那就好了。"针头一拔，"起来! 走!"抬着来的，走着回去了。注射的什么灵丹妙药啊? 葡萄糖，安慰剂，根本就不是什么药! 但是他相信了，就好了!

人这个心理啊，就是这样的莫名其妙，有许多方面我们现在还没有研究清楚，暗示让人得病、让人病好的事例在医学上屡见不鲜。

某肿瘤医院院长是位海归博士，他在电视里讲课说：两个妇女听说最近得肺癌的越来越多，害怕自己也得，整天担心，后来就觉得出气不顺，有点儿堵得慌，担心肺里长了什么东西。俩人一块去医院拍片子检查，结果一个人有病，一个人没问题。没问题的这个放心了，一天高高兴兴的，吃得香，睡得着，该做什么做什么，忙忙碌碌，精神越来越好，出气也顺了。可是那个片子有问题的，回来就完了，整个精神都垮下来了，整天闷闷不乐、无精打采，老想着我得肺癌了，活不了多久了，越来越堵得慌。后来医生发现，两个人的片子相互拿错了，没病的拿了有病的，结果因情绪不好导致内分泌紊乱，免疫功能失调，就真的得了病；而有病的拿了没病的片子，心情好，情绪乐观，慢慢地免疫功能又有所恢复，病就减轻了。癌症不是不可战胜的，有人得癌多年，既来之则安之，心态平和，慢慢地癌细胞就越来越少了。这是有可能的。

　　一位女医生起来插话：老师！我们医疗卫生系统流传着一个故事很有意思。一位女士老怕自己得病，听人家说这个得癌那个长瘤的，自己也这儿摸摸那儿摸摸，"我可别得！我可别得！"摸来摸去就摸出病来了，哎呀！我这边乳房怎么有点疼？可别长什么东西吧！然后就去医院检查，B超、CT、核磁都做了，结果什么都没有。她还不信，老去看病检查，大夫护士都烦了，认为她装病，有时候难免议论议论，被一个老大夫听见了。老大夫懂点儿心理学，说这叫作疑病症，就是自己老怀疑自己得了病，实际上是心病。他对几位医生护士说，下次我来给她治，她不是没见过我吗，你们就说我是刚从国外回来的见多识广的大专家，专门治乳腺癌的，特别有经验。这位女士来了，见那个老大夫西装革履，鹤发童颜，看起来就像一个有学问、有经验的老专家，而且服务态度又好，特别耐心。

　　"这位女士，哪儿不好啊，哪儿疼啊？哦，这儿疼，这边疼吗？"

　　"这边不疼，就这儿疼。"

　　"让我好好看看，仔细检查检查，哎呀！看来还真有点问题，不过问题不大，很小，一般的人啊，不认真还真检查不出来，也就是我有经验，因为我见过很多这种病例。"

　　"大夫，有办法吗？"

　　"有办法！"

　　"要做大手术吗？"

　　"不用，就和扎针差不多。"

然后用酒精棉球涂一涂，接着用小刀片轻轻划一下，弄点儿血出来。

"好了！ 取出来了！"

"用缝吗？"

"幸亏发现早，很浅，不用缝了，起来吧！ 你看，就这么点儿东西，切出来你就好了。 还疼吗？"

"不疼了！ 啊，到底是大专家呀，手到病除！"

女士接着对一个小护士说："你们老说我装病，你看我是装病吗？ 不说你们医术不行！ 你看还是大专家吧，手到病除，一下就给我治好了！"

这个小护士撇撇嘴，"好了什么呀？ 骗你也信啊！"

原来骗我啊！ 于是不得了，又疼起来了。

你看不懂心理学不行吧！ 所以现在医学院校都要开设心理学课程，特别是医学心理学，因为人的身体健康和心理是息息相关的，所以医生、护士都要懂点儿心理学。有时候医护人员言语行为不当，没病也让人得病了，那叫作医源性疾病。比如，给人体检拍完片子，你俩在那儿嘀嘀咕咕，患者猜想是不是说他得了癌，"肯定是了！要不他们为什么嘀咕？"其实那两人在偷偷约会呢！当着病人说悄悄话，让病人起疑心了。

国外对暗示的研究很多，特别在医学上，任何一种新的药物或一种治疗方法，在正式推广使用之前，一定要对病人随机分组，做安慰剂双盲对比实验。什么意思啊？一组病人吃真药，另外一组随机分配的同样的病人吃假药(淀粉、维生素或葡萄糖)，但是形状、颜色、包装、说明书都一模一样，这叫安慰剂。医生、护士和患者、家属，谁都不知道有人吃的是假药，只有研究人员知道，事前对病人和药物编了码，服用几个疗程，最后看吃真药的好了多少，吃假药的好了多少。如果比例相差不大，就说明不是药物本身的作用，而是安慰剂的作用，只有在统计上二者差异显著，才说明是药物本身的作用，这种药才能够推广使用。如果吃真药的病人好了 90％，吃假药的好了 10％，该药的治愈率便只有 80％。我的学生在国外就有专门从事这种研究的，我国医药界目前对新药品上市也有同样的要求。

不光药物，甚至手术有的也可能是安慰剂的作用。据我的学生说，美国有十五个美尼尔氏综合征病人做真手术，十五个同样的病人做假手术，最后各有八个病人好了，你说那挨刀的冤不冤啊！人家就是比画比画，刀子、剪子、钳子稀里哗啦响，其实没开刀。但病人相信手术了，便也有那么多人好了，那就是说，不是手术本身的作用，而是心理暗示的作用。

一位小伙子，是位大三学生，多次去医院看病，说自己肚子里长了瘤，让大夫给做手术。各种仪器反复检查后，未发现任何异常，医生怀疑他精神有问题。班主任和同学说，他性格内向，自大二以来，经常整天躺在床上，把床帘一拉，不吃不喝不上课，问他怎么了，他说自己病了，带他去检查，医生又说他没病。现在已经有四门功课挂科，估计拿不到毕业证了。后来把在外地的家长请来，母亲说他从小老实懂事，学习努力成绩好，从农村考到北京重点大学，可第一个暑假回家就变了，把自己关在家里，不和以前的老师同学来往。班主任把他带到我这儿，下面是我和他的对话：

"你怎么知道自己长了瘤？"

"我能摸到，硬硬的，一碰就疼，有时弯腰都疼，只有躺着不疼。"

"多长时间了？"

"一年多了。"

"在什么位置？"

（他用手指着左下腹）"就在这儿。"

"长的什么瘤？"

（他沉默了一会儿）"不是瘤，是异物。"

"什么异物？"

（他低着头不说话，我反复问。）

"肚子里肯定有东西，您就让大夫给做手术取出来就行了。"

"你不说什么东西，大夫怎么给你手术啊？"

"是一支笔。"

"什么笔？"

"圆珠笔。"

"圆珠笔怎么到肚子里去了呢？"

（又沉默了好久）"是我自己从肛门插进去的。"

"是第一次插吗？"

"好多次了，开始插半截就拔出来了，后来越插越深，最后一次插到里面拿不出来了。"

"你这是手淫不当惹的祸。后来呢？"

"后来笔不断往上移，就横在这了。"（用手指着腹部位置）

（我拿出人体解剖图给他看）

"不可能往上移！你看肛门里面是直肠，像一根粗粗的管子，直肠上面是乙状结肠，拐了比九十度还小的弯，那么长的圆珠笔怎么可能横过去呢？肯定是你事后第一次大便就排出去了，只是你没看见罢了。若笔还在肚子里，B超和X光怎么能发现不了呢？"

"可我真的肚子疼啊！"

"我给你讲一段我自己的亲身经历：我出国前体检，其他人都很快，大夫在我胸部、腹部按了很久，然后在体检表上写了'肝大可及边'五个字。因为化验指标都正常，所以顺利公派去了美国。第一年买了医疗保险，连个感冒都没得，觉得每月几十元的保险费花得有点儿冤。第二年就没买，没买保险就怕得了病看不起。自己各个器官系统都很正常，就是肝有点大，肝大不是好事，可别出问题。 于是躺在床上就经常像大夫那样按按自己的胸腹部，按来按去觉得肝有点儿硬，有点儿疼，担心自己是不是得了肝癌、肝硬化，于是寝食不安，吃不下睡不着，身体越来越消瘦，整天闷闷不乐。 一位朋友建议我去医院，我说没买保险看不起。 刚巧朋友认识一位从北京来我们所在大学进行短期访问的医学专家，我请他吃饭顺便给我做一次检查。 他听我介绍完病情，看看我的眼睛，又在我的胸部腹部这儿按按那儿按按，问我哪儿疼。 然后说：'起来吧，没事！'我问他：'我的肝是不是有点硬？'他说：'硬的地方不是肝，是软骨。'我又问：'那怎么还有点儿疼啊？'他说：'你老按，按重了能不疼吗？'我如释重负，从此不再疼了，至今我的肝也没出问题。"

"老师，您说的是真的吗？"

"我用人格担保，绝无半句假话！ 从今天起，你不要老关注自己的肚子，去上课，去看书，去聊天，去打球，相信你会好起来！"

从那以后，他的肚子果然不像以前那样疼了，他也通过补考顺利毕业。他后来成为一所中专学校的老师，听说书教得还不错。这就是心理暗示让人得病、让人病好的典型事例。其实，开始我也想请大夫配合，给他做个假手术，把笔从肛门中取出来，可若和他原来的笔不一样，岂不弄巧成拙，所以放弃了这个方案。

有时候老百姓烧香拜佛，弄点儿香灰来喝了，也可能治好病，因为有的病主要受心理因素影响，病人相信菩萨能保佑他，心情高兴，免疫功能增强，慢慢就好了，而不是神灵或某种所谓功法的作用。心理治疗有个前提是诚则灵，信则灵。当然，这种暗示治疗主要针对的是心因性疾病，对于非心理因素导致的纯器质性疾病，其作用是有限的。

暗示不但让你得病，甚至还能让你死亡。例如，一个人被关进冰库，冻僵致死，而冰库并没开冷气；一位电工误以为碰到高压线，出现了和电击一样的身体反应。这里再介绍一个美国心理学家做的实验：

把一名死刑犯带到实验室，对他说让你安乐死。故弄玄虚地接上各种仪器，把眼睛蒙上，接着说："把你一个血管割破，向外放血，放到一定程度你就死了，一点儿都不痛苦。"犯人同意了，觉得划了一下，也感觉到好像有血在向外流，还能听见嘀嗒、嘀嗒的声音，然后越来越快，哗哗不停地流。耳边还有人念"紧箍咒"："你的血液已经流出了一百毫升，二百毫升，五百毫升，一千毫升，两千毫升，你的血压降到了一百，八十，六十，四十，你的心跳越来越弱，你的呼吸越来越慢，你的头越来越沉，你的眼皮越来越重，你的血压快降到零了，你的血液快流光了，你的头抬不起来了，眼睛也睁不开了，心跳也要停了，全身瘫软无力，去吧！去吧！上帝在向你招手，你可以走了，走吧！走吧！"就这样，脉搏、血压没了，心跳停了！真的是放血吗？不是！除了划了一下是真的，剩下都是自来水在流！

最近这些年，我们又从国外把这种暗示疗法学了回来。据电视报道：一名监狱犯人的家中突然发生不幸，他受到强烈刺激，嗓子突然发不出声音，变哑了。医生没办法，请来心理学家，专家了解情况后说："别着急！监狱领导对你很关心。有一种从美国进口的特效药，专门治你这种哑病，已经空运来了，扎一针就好，保证好！"过一会儿，穿白大褂的医生进来了，静脉注射，边推药边说："药流到肩膀、流到脖子、流到嗓子了，你的嗓子发热、声带发痒了。来！跟我学，啊——""啊——""我——""我——""要——""要——""说话！""说话！"就这样把哑病治好了。这不是愚人节，也不是娱乐节目，是中央电视台科教频道播放的。

一位小伙子问：是不是我们老百姓特别容易上当受骗，赵本山一忽悠，范伟就瘸了，我觉得"卖拐"那个小品表现的就是心理暗示的影响。

　　一位老同志接上来：听说大人物也会受暗示影响。某高层领导日理万机，难免失眠，安眠药吃多了对健康有害，医生就要想办法，药有真有假，假的就是维生素，但一模一样，常常给他两片真的一片假的，或一片真的两片假的，只要吃够三片就能睡着。

　　这个故事我也听说过。生活中暗示现象很多，不单影响我们的健康，更影响我们的事业，影响一个人的成功。我们再介绍一个心理学实验：

　　一个大房间，里面黑黑的，有一个独木桥，实验者让志愿者从这桥上走过去，说："给你十美元，慢慢走掉不下去，就是掉下去了也摔不坏，桥不高，下面是软的，不过你们还是小心一点儿，因为掉下去了会把衣服弄脏。"就这么一个指导语，大家用脚试探着都走过去了。这时实验人员又说，"请各位再走回来，给二十美元，方才是摸黑走的，下边咱们把灯打开。"灯一开，大家不走了！为什么？因为下边有只大鳄鱼，太可怕了！实验人员把刚打开的黄色灯关掉，再打开一个白色的灯，大家一看乐了，原来鳄鱼上面还有一张黄色的网罩着呢！打开黄色灯的时候看不见黄色网，只能看见鳄鱼，打开白色灯就能看见网了，于是大家又走过来了。"那能不能请各位再走一次，三十美元！"大家好高兴，都走一个来回了，没问题，走啊！"提醒各位，这网是激光打的，虚拟的，不是真有网！刚才是鳄鱼打了麻药，你们平安过去了，现在麻药劲儿过了，鳄鱼醒了，你们还走吗？"大家又不敢走了。心里有网啊你就敢走，没有网你就不敢走。

　　可见，成功与失败同你的想法，同你的心态有很大关系。为什么有人成功，有人失败？很重要的在于你给自己一个什么样的心理暗示。积极的心理暗示："没问题，我能成！我一定能成功！"充满自信，胆大心细，临阵不慌，可能就成功了。与之相反，消极的心理暗示："我能行吗？我要失败了怎么办？输了多丢人啊！"犹犹豫豫，错失良机，你就真的会失败。

　　心理学有一个著名的法则叫作"预言的自我实现"，或"自我实现的预言"，又叫作皮格马利翁效应，或罗森塔尔效应。

一则古希腊神话故事说，塞浦路斯的国王皮格马利翁是一位有名的雕塑家，他精心地用象牙雕塑了一位美丽可爱的少女，并深深地爱上了这个"少女"，越看越美，希望娶她为妻，昼思夜想，后来这个少女真的成了他的妻子。

多年前，美国心理学家罗森塔尔让大学生用两组大白鼠做实验，对大学生们说：这些大白鼠品种不一样，一组十分聪明，另一组特别笨。事实上这两组大白鼠没有什么差别，而大学生们都相信，实验结果肯定是不一样的。学生们让这两组大白鼠学习走迷宫，看看哪一组学得快。结果他们发现，"聪明"的那一组大白鼠比"笨"的那一组学得快，它们能够先走出迷宫并找到食物。罗森塔尔推测，这可能是由于实验者对"聪明"的白鼠和蔼友好，对待"笨"的白鼠粗暴造成的。

于是罗森塔尔得到了启发，他想这种效应会不会也发生在人的身上呢？1968年的一天，他和助手们来到一所小学，从一年级至六年级各选了三个班，对这十八个班的学生进行了"未来发展趋势测验"。然后以赞许的口吻将一份"最有发展前途者"的名单交给了校长和相关老师，并叮嘱他们务必要保密，以免影响实验的正确性。其实，名单上的学生是随便挑选出来的。八个月后，他们对这十八个班级的学生进行复试，结果奇迹出现了：凡是上了名单的学生，个个成绩有了较大的进步，且性格活泼开朗，自信心强，求知欲旺盛，更乐于和别人交往。由于老师先入为主，对名单上的学生态度不同，影响了学生相互之间和每个学生对自己的看法，从而出现了所期望的效应。

这就是说，你做出一个积极的预言，它可能不知不觉地就变成真的了；做出一个消极的预言，它也可能自动就实现了。有人说，那不是唯心主义吗？不是！这是人的心理对行为的反作用，精神对物质的反作用。比如，你老骂孩子笨，孩子想，反正我笨，学也学不会，干脆不学了，于是越来越笨，你的预言在他身上就实现了。

又比如说，考大学，你老想，我可能考不上，我现在学习效率越来越低，看来上大学没希望了，将来怎么办呢？一辈子没前途、没出息！你这么一想心里就烦，一烦脑子就乱，就学不下去了，学不下去就着急，一着急脑子更乱、更烦，更学不下去，最后没复习好，考试就紧张，结果当然就考不上了。你看，被自己说中了。如果说积极的话，我感觉很好，学习效率很高，考大学我觉得没问题，你自己心情好了，学习效率就高，信心就增强了，最后考试也不紧张，发挥得好，你不就考上了吗？因此我在给学生做高考心理辅导时，总是引导考生用积极心理暗示来增强自信心。

日常生活中这种情况经常发生，早晨起来，眼皮跳，还是右眼，心里想：哎呀！坏了，"左眼跳福，右眼跳祸"，我可能要倒霉，要出事，可别出事啊！会出什么事呢？我这上有老下有小的，出事可怎么办啊？上班开个车，老想着可不能出事啊！会出什么事啊？精神恍惚，一不留神，追尾了！然后拍大腿，哎哟，真灵哎！果不其然，右眼跳祸！还到处跟人讲，可不能不信啊！我那天右眼皮跳，就出了车祸！这个左眼跳福、右眼跳祸就是这么变灵的。这就是预言的自我实现。

心理暗示原理提醒我们，无论对自己、对下级、对孩子、对学生，都要多说积极的话，多说鼓舞士气、增强信心的话，少说倒霉泄气的话，多给积极的心理暗示，让他们保持一种良好的心态。

代　偿

我们的不良情绪的产生有时候是因为追求一个目标而得不到满足，比如，你喜欢某一个工作、某一个职务、某一个学校、某一个专业，或者喜欢某一个人、某一个东西，问题应对就是努力争取得到它，但这些目标并不是都能达成，得不到你就会有挫折感，就会感到很沮丧，这时我们就要进行情绪应对，也就是要调整好自己的心态。其中有一种办法既可看作情绪应对，也可算作问题应对，就是换一个目标，这个目标达不到就换另一个，说不定就成功了。

这个学校没有考取，就报另一个学校，这个专业不行，那个专业也可以。

这个工作不录用我或解雇我，我还可以到别处去，此处不留爷自有留爷处。

我追人家，人家不喜欢我，拒绝我，当然我可以继续追求，但是人家也可以继续拒绝。送了九千九百九十九朵玫瑰，还被对方骂成癞蛤蟆，那怎么办啊？也不能够招人讨厌，没完没了地骚扰人家，其实不妨自己调节一下：你不跟我好，天涯何处无芳草！世界上不是只有你一个美女啊！可以换一个嘛！找一个更好的。当然，这并不是喜新厌旧，人家不接受你，那你为什么一定要说，只有她最可爱，只有她最漂亮。世界上有最漂亮的人吗？咱们评比一下，全世界来评比，我看很难统一谁最漂亮，漂亮的方面不一样啊！

有最好吃的东西吗？小孩子会有。我儿子小的时候，家里穷，问他什么最好吃，想吃什么呀？他张口就说香蕉最好吃！但是后来大些了，再问他什么最好吃，想吃什么？他说没什么最好吃的，随便吧！我就夸他长大了，知道没有最好，只有更好。

但是有一些人成年了，甚至还担任一定的领导职务，他们竟然说，只有这个工作最好，这个岗位最好，你不给我这个职务就不行；或者只有这个人最可爱，非她不娶，非他不嫁，你要不同意，我就跟你没完没了，纠缠不休，要不就动刀子、泼硫酸，给你毁容，甚至上吊跳楼，同你玩儿命。这种人说明了什么？说明他们的心理很幼稚，很不成熟，心理发展还停留在儿童阶段，幼稚到和我儿子四五岁、五六岁时一个水平。有的人一大把年纪了，还是一根筋，不知道一条路走不通，可以换一条，一个东西得不到，可用其他东西替代。

生活中我们经常会遇到这种人，片面、极端、绝对，就像有人说，我必须上大学，好像只有上大学最好，别的路都不行。前不久，在电视里看到一名中年的男同志，考大学已经考了十几次，眼看奔"四张"的年龄了，穷困潦倒，婚姻、家庭、工作、事业全都耽误了，年复一年，将大好的青春年华用在反复读几乎同样的中学课本上，看起来很有毅力，无尽无休地考。难道一定要上大学吗？不可以接受这失败吗？不可以去打工、做生意吗？要知道成功的路不止一条。还好，他终于表示了，今年再考最后一次，如果考不取就不再考了。谢天谢地！总算可以打住了。我衷心祝愿他今年好运，高考成功，圆了他的大学梦。

一位老师补充说：我认识的一个人，考上了大学却妻离子散，成了孤家寡人。媳妇说不能老让我养着你，同他离婚改嫁了；老父亲说你啃老啃到四十多了，断绝父子关系，不许再折腾我的家产！他想把十几岁的女儿接过来给他做饭，女儿说你从来不管我，不是我爹！人家认叔叔做爸爸了。

另一位老师起立问：教授！您对愚公移山怎么看？

愚公移山精神并没有过时，老人家不怕困难，百折不挠，永远值得我们学习。这种咬定青山不放松的执着精神十分可贵，但不一定非要移山，搬家不行吗？智叟的话也是有些道理的。革命精神一定要同科学态度相结合。同样解决交通问题，搬家不是比移山容易多了吗？要知道应对问题、取得成功的办法是多种多样的！

一位领导插话：据说我国西北有个穷乡僻壤的山村，不是干旱就是泥石流，长期以来当地政府发动群众战天斗地、改造山河，收效甚微，年年靠拨款救济。后来将几百村民全部外迁，一劳永逸，我觉得这是很明智的做法。

可见，成功的路不只一条，一个目标得不到，可以继续努力，但是也应适可而止，有时不妨用另一个目标来代替它，不要那么死心眼、一根筋，到了黄河心不死，撞了南墙不回头，跟自己或跟别人较劲。

除了代替，代偿还有另一个含义——补偿，就是某一方面的功能或能力不足，可以用另一方面来弥补它。

一个明显的例子是盲人，眼睛看不见，于是锻炼耳朵，盲人的耳朵比我们普通人要灵敏得多，门口一有人走动，就知道谁来了；手杖敲着敲着，靠回声就知道前面有障碍物了，你看看是不是他的耳朵代偿了一部分眼睛的功能。盲人有很多歌手和琴师，他们的乐感非常好。我从电视里看到，一位生来视力全无的女孩，被父母抛弃，收养她的外婆，从小培养她独立行走，独立做事，她能凭回声判断各种障碍物，后来成为钢琴调音师。

还有盲人足球队，听声音踢球。篮球场上也有矮个儿球员，靠灵活、速度快、投篮准，弥补了身高的不足。这都是功能代偿的表现。

失去双臂的残疾人可用双脚洗脸刷牙、洗衣做饭、切菜剪纸、穿针引线、书法绘画、开汽车、弹钢琴、用手机、玩电脑。电视节目中有位年轻人当场用双脚在鼻烟壶中画了主持人的头像，那可是内画啊！

有位外国朋友喜欢中国字画，我带他看一位残疾人的书画展。画家双臂全无，两只脚各夹一支笔，左右开弓，连写带画。朋友很喜欢，买一幅五千块，不但不嫌贵，还要跟画家合影留念。画家说请等等，随后左脚夹着小镜子，右脚夹着梳子，将头发梳得整整齐齐，面带微笑同外宾合影。

这是用脚代替了手的功能，还有用两只胳膊代替腿走路的。山东临沂有位年轻人，小时候是个流浪儿，扒火车摔下来轧断了双腿，成为半截人。他用双臂十三次爬上泰山顶，中国的名山大川让他爬了个遍，爬了六十多座高山，就连华山那么陡、那么险，他十几小时就爬上去了，有全程录像为证。他身残志坚，靠卖唱谋生。歌声美妙，迷倒了一个打工妹，打工妹认为小伙子有出息，二人喜结连理。汶川大地震时，他组织了一个残疾人演出队，队里有看不见的、听不见的，有不会说话的，有一只胳膊一条腿的，有会唱的、会跳的、会吹的、会拉的，人才济济，通过义演，将三万五千元捐给灾区。他说："当年乞讨时四川老百姓对我非常好，现在他们遭难了，我要回报他们的恩情。"夫妻俩勤劳致富，不但买了三室一厅的大房子和小汽车，还补办了一场婚礼。他让媳妇穿婚纱坐缆车上泰山，自己爬了一夜，日出时登顶献上大钻戒。婚礼很隆重，女儿做伴娘。不但有女儿，还有个儿子，演出回来，后背前抱，天伦之乐，其乐融融，幸福指数比我们高。

媒体上多次报道，澳大利亚有个人生来就无四肢，只在臀部有个脚趾头，可用来按键盘。他顺利读完大学，写了几本书，现在周游世界，成为励志演说家。

我给地震灾区设计心理辅导活动，其中一个活动的主题是"我还有什么？"让灾民讨论：房子倒了还有什么？还有人！亲人遇难了还有什么？还有政府！上肢没有还有下肢，下肢没有还有上肢，四肢都没有了还有大脑！我们不是什么都没了，还有很多资源可以自救，可以代偿！

这种代偿并非为残疾人所特有，美国一本书里边讲了一个故事：有个女孩子，相貌平平，身材一般，从小学、中学到大学，什么校花、交际花、模特，大凡登台露脸的事，都排不上她，但是她不气馁，也不自卑，而是在学问修养上狠下功夫，读书很多，知识渊博，琴棋书画，样样精通，气质高雅。成人之后，她压倒群芳，成了第一夫人。那她是靠的什么？是心灵气质的内在美。道德高尚和学问修养弥补了她外貌的不足，这也是代偿。

所以，一个人无论你有哪方面的不足，别用自己的缺点和别人的长处去比，越比越自卑，可以另辟蹊径，在别的方面培养发挥自己的特长。

一位老教师补充说：在学校里，无论是小学、中学、大学，你都常常会看到，那些有生理缺陷的孩子，他们都很用功，学习通常比一般的孩子要好，因为他知道自己有先天的不足，一定要用别的来弥补，于是就很努力。在一些名牌大学里，漂亮女孩比较少，这个其实可以理解，不是说漂亮女孩都不聪明、不上进，她自己也可能很努力，但是她的干扰多，分心多，这个夸她漂亮，那个说她靓丽，她就容易飘飘然；追求她的人也多，写信的，递条的，送花的，短信或电话约的，她不想分心都难。还有一个原因，她已经有了这个身材容貌的优势，这是她得天独厚的资源，是有形资产，她就不需要那么努力了，你办不成的事，她去了就办成了，这就是公关人员的作用。所以国外有人说，漂亮比一封介绍信更管用。人家有这种优势，她成功起来相对要容易一点，你没有这种优势，当然要加倍努力，就得去考重点、考名牌。

上帝还是很公平的，你有这方面的优势，你就可能有另一方面的不足；你有劣势也没关系，你可用别的方面的优势来加以弥补，这就是代偿。

升 华

升华本来是个物理概念，在心理学上指的是什么呢？这又是精神分析的一个术语。

我们前面讲过，情绪是有能量的，把它宣泄出去，其实有一点浪费能源，就像把洪水从泄洪道放掉了，当然可以避免灭顶之灾，但是你要用它来发电不是更好吗？这就把能量和平利用了。升华，就是对情绪能量的和平利用，是最高水平的宣泄。

把情绪的这种能量引到一个正确的方向上去，让它具有建设性、创造性，对人、对己、对社会都有利，这就叫作升华。

古今中外有很多升华的实例。

先举一个负面的升华不好的例子。俄国大诗人普希金，妻子有了外遇，他性格刚烈，控制不住情绪，胡乱发泄，和情敌决斗身亡，成为一个失败的英雄。那么有才华的一颗明星就这样陨落了。我们真的为普希金感到遗憾，为什么不可以把这种情绪升华？愤怒出诗人嘛！写诗揭露这种不道德的行为，即可以宣泄自己的情绪，还能给人类文学宝库增加更多新的诗篇，后来人遇到类似情况，一读你的诗歌，觉得特解气，你看不是挺好吗？但是，很可惜，他没有升华。

德国作家歌德是个相反的例子。他年轻的时候失恋了，很痛苦，曾经想过自杀，但又觉得这么死不值得，怎么办？算了，写吧！写一写是宣泄，把这种情绪表达出来。写呀，写呀，没曾想歪打正着了，把这烦恼写得淋漓尽致，就写成了《少年维特之烦恼》，成了名著，这就是升华。

因为书中写维特最后自杀了，这本书出版后，引起社会上一批失恋的年轻人学维特自杀，心理学把这种模仿现象称作维特效应。你看，媒体对富士康员工跳楼报道越多，越绘声绘色大肆渲染，越会引起连锁反应，导致更多人跳楼。自杀是社会的流行病，即使在西方国家，对自杀的报道也是有很多限制的。

一个人遭受挫折、受人白眼，可以这么想，别人看不起我，是我还做得不够好，那我就努力完善自己，在学问修养上下功夫，自己成为佼佼者，可能别人就喜欢你，就对你感兴趣了。

有一位英国人叫谢灵顿，年轻的时候不务正业，好吃懒做。有一天心血来潮，向一个清洁工求爱，那清洁工瞪了他一眼，呸！好你个谢灵顿，也不撒泡尿照照，就你这个癞蛤蟆还想吃天鹅肉，我告诉你啊，就是天下男人都死光了，我们女的啊，集体去跳泰晤士河，也不会有一个人嫁给你，你算没戏了，这辈子就打你的光棍儿吧！骂得够狠的了，男人一个不剩，她还要排队跳河，你说这够可气的了吧！开始谢灵顿很生气，可是，后来一想，我怎么都混到这份儿上了，连一个扫地的都看不起我，人也不能这么活着啊！一顿臭骂，把他骂清醒了，他决心换一种活法！从此发愤图强，十年苦读，最后成为一个著名的生物化学家。当然他也不再去找那清洁工了，但是他一定没有忘了这位清洁工，这是他自己讲的故事。

这就给我们很大的启迪，一个人不要怕挫折，不要怕失败，特别是在青少年的时候，哪怕你逃过学、留过级，拿过人家铅笔和橡皮，打过架，斗过殴，吸过毒，进过少管所，坐过大监牢，都没关系，哪里跌倒哪里爬起来！只要你努力，什么时候都不晚。社会是以成败论英雄，只要你最后成功了，所有你干过的蠢事、傻事，丢人现眼、见不得人的事，通通都成了名人的奇闻逸事，不但不丢人，还可以津津乐道，还可以教育别人。但是，如果你不努力，你就会永远成为人们嘲笑的对象。

一位年轻人插语：老师！ 是否可以把升华理解为变压力为动力，把失败作为契机，变坏事为好事啊？

非常确切，为了加深理解，我再讲两个国内的案例。

我曾接待过一位女青年，她是因为求职择业方面的问题，找我做生涯规划辅导。她先讲了她个人的经历，她和原来的丈夫从小青梅竹马，一块下乡，同甘共苦，感情非常好。但是后来小伙子上了大学，她在家里洗衣做饭，省吃俭用，供丈夫念书。可她丈夫人一阔就变了，进了城就成了"陈世美"，要同她"拜拜"。她当然非常痛苦。哭，这是宣泄；劝，这是问题应对，努力把他争取回来，但这位负心郎吃了秤砣铁了心，怎么也劝不回来，说没感情。好，分手就分手，有什么了不起的！你能上大学，我就不能上大学？憋着这口气，她擦干眼泪，拿起书本，废寝忘食，苦读一年，考取了一所名牌大学。那小伙子后悔了，到北京来向她赔礼道歉，要求复婚。她对负心郎说：晚了，哥儿们！你这过期的船票，登不上我这旧船了！这名牌大学才子如林，还有好多单身，幸好你跟我分手了，否则还成我一个包袱了，现在我可以重新选择。你还是回去吧！把那个小伙子说得脸红红的。她说自己当时的心情觉得真爽，比用什么办法报复他都好！大家看，这才是真正的强者！

我再举一个例子。东北一个不大不小的女老板，坐飞机到北京来找我做心理咨询，讲了她的遭遇：她和丈夫也是那种患难夫妻，双方家里都很穷，但两个人感情很好。穷是坏事情，坏事能变好事，穷则思变！夫妻俩同舟共济、艰苦创业，开公司做生意，几年后发了。有钱是好事，但好事又能变成坏事。男人有钱就变坏，就在外边偷偷地养了情人，然后把钱一笔一笔往那情人的账上转。情人说得很好："你跟她离婚，咱们俩结婚。"他把钱转得差不多了，与妻子摊牌离婚。

这位女同志一点儿心理准备都没有，因为原来感情那么好，于是苦口婆心地劝他："你看咱们原来那么穷，都在一起过得很好，现在有钱了，房也有了，车也有了，孩子也大了，怎么还要离婚呢？"可无论怎么劝都没有用。劝是问题应对，那解决不了怎么办啊？有什么了不起的！离就离！一分家才发现，账上怎么没有多少钱了？她觉得不对，说不可能啊，咱们原来收入不少啊！男的就找借口，说这年头哪儿不得花钱啊，工商、税务、环保、消防哪儿不得靠钱来打点，还有请客吃饭等，可这没办法对证。她说我明知道是男的捣了鬼，做了手脚，但是只能怪我这个人平时马大哈！我现在跟他打官司，劳民伤财，花很多时间精力，还不一定查得清楚，我又没有线索和证据。算了！算了！懒得跟你纠缠了，你就凭良心吧！好了，男的假惺惺地说："孩子归你，房子、存款都归你，我净身出户。"其实他把大头都转走了，账上没多少钱了。女的说我懒得跟他计较，有这时间我不如自己赚回来。这位女同志能力很强，很有自信，她自己说，我也有有利条件，几个大客户都在我手中，我怕什么呀！看我离了你能不能活得更好！

她离婚之后废寝忘食，起早贪黑，整天忙于事业，本来能力就很强，又憋着一股劲儿，很快生意就做起来了，公司比原来的还大，成为当地有名的女企业家。但是那个前夫却倒了霉，让情人给骗了，钱转过去了，婚也离了，人家不跟他玩儿了，说你这种男人喜新厌旧，将来有更年轻、更漂亮的，会不会把我也给甩了呀！他赔了夫人又折兵，倒霉憋气带窝火，整天愁眉苦脸，唉声叹气，抽烟喝酒，颓废堕落，穷困潦倒。这位女同志听说了，有点儿可怜他，一日夫妻百日恩哪！还得拉他一把，于是就挂了个电话，借口孩子有事找他商量。

　　她开着宝马车，带前夫到当地最大的酒店，点了男的最喜欢吃的几个菜。她说自己那天也不知道怎么那么轻松，那么潇洒！又为他夹菜，又给他敬酒："怎么样啊？哥儿们！这两年过得还好吧？咱们可有几年没见了，来来来，咱们干一杯！"男的不吃也不喝，不哼也不哈，闷着头一支接着一支抽烟。她又问："唉！怎么不说话啊？说说这几年情况啊！"对方回了一句："你明知故问！"意思是你明知道我现在特惨，故意来气我，嘲笑我。屏幕上是他们接下来的一段很有意思的对话：

　　　　女："我知道一点，知道的不多，怎么样，最近生意还好吧？"
　　　　男："早就不做了！"
　　　　女："怎么不做了？"
　　　　男："我没钱怎么做？"
　　　　女："你怎么会没钱呢？你把钱都转走了，我没那么傻！我心里有数，不跟你计较就是了。你的钱哪去了？"
　　　　男："你明知故问！"
　　　　女："不说就不说吧！没钱也得想想办法啊！一个大活人不能让尿憋死。"
　　　　男："我没办法！"
　　　　女："没办法可以找我呀！我这几年混得还行，多了没有，百八十万的还调动得开。"
　　　　男："我没那么脸皮厚！"
　　　　女："白给你，你不好意思要，算我借给你的吧！"
　　　　女：（当场开一张三十万的支票）"来，给我写个借条。放心！我不放高利贷，你就拿这三十万做本，把生意再做起来。三年五载、十年八年都没关系，什么时候把钱赚回来了，我一分都不多要，就把这本钱还给我。 你看，既无息又无期，够优惠的吧！ 但是如果你还胡闹，把这三十万折腾光了，或又让哪个狐狸精给骗去了，你呀，别跳楼也别上吊，你就告诉我还不起了，我绝对不逼债，更不同你打官司，咱们还到这来，还是我埋单。 我带着你的借条，你别忘了带打火机，我会当你的面儿把借条烧掉，不用还了。"

男：（脸红红地写了借条，收下支票）

女："我提醒你一句，我可就帮你这一回，我不会再帮你第二次了，你好自为之吧！"

男：（痛哭流涕）"孩儿他娘，我对不起你啊！"

这个女老板是因为忙于事业，小孩子放在老人那儿，有点娇惯，现在上中学了，儿子老打游戏机，她为此专程来找我。孩子问题解决得差不多了，她要走了，我觉得好像还没完，中国人喜欢大团圆，故事没有结尾，我就问："后来你们怎么样了？你们现在复婚了吧？"她说："教授！您说我能跟他复婚？他那么坑我，害我，全不顾多年的夫妻情分，太狠毒了，我一看他就来气，怎么可能跟他一块过啊？绝对不可能！"我又问："你既然不跟他复婚，为什么帮助他呀？以德报怨，那你太了不起了，太高尚，太伟大了！真让人佩服。"她说："教授！您别夸我了，我没那么高尚，更没那么伟大，你当我是帮他啊？我是帮我儿子！是让我儿子有个体面的爸爸，他那个倒霉相、窝囊废，让儿子抬不起头来，我是看在儿子面上才拉他一把，否则，我才不管他死活呢！我就这么高的觉悟。"我说："那你也很伟大！是另类伟大！"

世界上有各种各样的伟大，伟大领袖，英雄模范，见义勇为，都很高尚，很伟大，我们都应该学习，这个女同志不伟大吗？这么大的挫折打击硬是没垮，不是一味地憋气、生气、生闷气，而是有志气，争口气，把挫折变成了动力。不是整天在那儿哭天抹泪，寻死觅活，上吊跳楼，或动刀子、泼硫酸、雇杀手，把小三的脸抓破，把她腿打断！社会上经常发生这种悲剧，最后倒霉的是自己，坐了牢房，那都叫用别人的错误来惩罚自己。你看这位女同志，把危机变成转机，促使自己取得了更大的成功，这才是生活当中的强者。把这样的人请到电视台做嘉宾，让大家来学习，是不是也有利于社会和谐啊？

希 望

希望是后现代积极心理学研究的重要内容，近年来在西方，人们研究越来越多，我的两个博士生的毕业论文做的就是有关希望理论的研究。

法国作家莫泊桑有一句名言："人是活在希望之中的。"没有希望就成了绝望，人一绝望，只有两条路：一个是我不活了，上吊跳楼了；再一个是我跟你玩儿命，拿刀乱砍人了。没有希望就会发生悲剧甚至惨案。

一个人不论多么艰难困苦，哪怕是残疾人，有生理缺陷，哪怕我重病缠身，经济上很困难，只要还有希望，就能够顽强地活下去。你看老百姓有时候会这样说，"哎，过几年就好了""孩子大了就好了""我的病会好的"，这其实都说明他对生活还抱有希望，他并没有绝望。

积极心理学倡导者塞利格曼指出："宗教带给信徒希望，因为对未来有希望，所以使现在的生活更有意义。"老百姓吃斋念佛，不求今生求来世，也能活出希望来。

在座的各位都比较年轻，可能没看过，苏联有部电影叫《列宁在 1918》，很有名的大片。里边有个列宁的警卫员，叫瓦西里，这个人聪明干练，而且对革命事业忠心耿耿。有一次列宁让他押运粮食，老百姓都没有吃的，红军也没有粮食，他守着好多粮食，但是自己饿得都要晕倒了。他完成任务回到家里，跟他的太太告别，妻子看他饿得那样，在跟他拥抱的时候，把家里仅存的两片面包放到他兜里了。他觉察到了，边拥抱边悄悄地又把这面包留给了爱人和孩子，临走的时候有几句话很感人，让我很难忘记。他说："亲爱的，面包会有的，牛奶会有的，一切都会有的。"这就是希望教育！

几年前，在玉树地震灾区，当时的总书记胡锦涛同志挥毫题词："新校园，会有的！新家园，会有的！"也是对灾民的希望教育。

一位来自四川的领导沉痛地说："2008 年'5·12'大地震，北川县委一位 32 岁的宣传干事，失去了六岁的儿子，他虽然立功受表彰并晋升为宣传部副部长，还是因丧子之痛，于第二年 4 月 20 日在家中自缢身亡。他们夫妻正处于生育旺盛年龄，政策又允许，不但儿子会有的，说不定还会来个龙凤胎，怎么就绝望了呢？当时许多失去亲人的灾区干部，都是通过投入紧张的抗震救灾工作来摆脱痛苦的。"

您讲得太好了！面向未来，永不绝望，就有希望！

汶川地震灾区，有一对羌族夫妻，靠制作民族服装勤劳致富，刚建起的二层小楼被震塌了。媳妇很坚强，说我们的双手还在，可以从头再来。可丈夫却一蹶不振，因悲观绝望，杀死妻子后自杀。所以我当时建议地震灾区，要对灾民开展希望教育："房子会有的，儿子也会有的。"我们人哪，只要有希望，你就能够活下去，你就有奔头儿。

下面讲讲我个人的体会。我已年过七旬，你们可以算一下我的年龄。我在 1962 年就上大学了，当时北京只有北大、清华、师大、人大四所学校叫大学，其余都是学院。当时戴个大学校徽很神气，可是倒霉就倒霉在这大学上了。人家考入四年制学院的同学，到 1966 年"文化大革命"爆发前夕刚好毕业，好多人留北京了，我们大学是五年制，应该 1967 年毕业，可那时候全国许多地方还在武斗，乱哄哄，直到 1968 年，通过部队军管，各地建立了所谓革命委员会，我们才被分配工作。在"知识分子接受工人阶级再教育很有必要"的年代，不是自己找工作，没有个人选择，分配方案一宣布，打起背包就出发！我就到了东北一个煤矿。

我从到煤矿那天起，说一句觉悟不高的话，我就没打算在井下干一辈子，我也相信自己不会当一辈子采煤工。为什么？咱是大学毕业，学心理学的，接受再教育、劳动锻炼，总有个期限，不过就是一两年、两三年的事情嘛！当年的想法是，将来最差也能当个老师，教不了中学的数理化，教小学语文、算术还是完全可以胜任的，我怎么会总在井下刨煤啊？不可能的！

有希望，就好像在一个巷道中能看见远处的亮光，我奔着它走肯定能出去。如果我周围是漆黑一团，那就真的会毛骨悚然，但是我能看到曙光。估计明年就能出来了，明年就会落实政策了。明年复明年，明年何其多，就这样一年年地盼，不知不觉，十年就过去了，从1968年6月到1978年9月，我整整当了十年零两个半月的采煤工。也没什么了不起的！现在不是从中小学到大学，从企业到党政机关，从中央党校到乡镇街道，走遍全国到处讲课吗！如果我当年悲观绝望，那就不会有今天了。

我们的老同学，我们一起劳动的大学生，名字打黑框的已经有多个了，都是我熟悉的人，他们觉得这辈子算完了，常年心情抑郁，因而得各种病英年早逝。

有位和我同一天到煤矿，分到同一采煤队的大学生，他上午报到，我下午报到，领完工作服和矿灯矿帽，当天晚上就让我们下井上夜班。他是南方人，气候饮食都不习惯，又是学音乐的，平时有个习惯动作，手指总像弹琴一样动来动去。造反派看不惯，经常训斥他："怎么政治学习、批斗会你也给伴奏？"。他在井下怕手磕着碰着，难免缩手缩脚，又被说成怕苦怕累，干活怕吓着！所以他心情一直不好。但是他运气还不错，干了不到三年，因为会拉琴弹琴，真调到文艺宣传队搞伴奏了，后来打倒四人帮，宣传队解散了，他又是第一个落实政策回家乡大学教书了。但是他一直心情不好，觉得"文化大革命"把自己耽误了，对婚姻也不满意，牢骚满腹，整日郁闷，不到六十岁就得肝癌去世了。

还有一位学外语的大学生，比他更惨。一到煤矿便绝望了，走路低着头，从来不理人。有时井下停电了无法工作，师傅们便围在一起聊天。可这位老

121

兄，觉得大家聊的内容低级庸俗，一个人躲在远远的角落里生气。一次停电，大家正聊得开心，得知不远处一个巷道着火了，必须立即撤出，大家都跑了，把他给忘了。他晚了一步，路又不熟，没出来，长眠在井下了。即使没遇到这种情况，像他这样整天精神恍惚、懵懵懂懂的，也容易出事故。

我当年和那些师傅，无论年轻的、年老的都相处得很好，我觉得那些老师傅都很可爱、很朴实，他们都很关心我，危险的地方不让我上，有时候甚至跟我发火。比如，工作面有塌方危险，师傅上前处理，我也跟着进去了，师傅回头就骂："找死啊！这种地方你也敢进！"其实这是爱护我。顶板有危险必须由有经验的人处理，他操作时小心翼翼、非常警觉，稍微有点变化，一个健步跳出老远！可我还在那东张西望、左看右看，问师傅怎么了？师傅也不回答，一脚把我踢出去，或拉起我就跑，可能就救了我一命。如果你不跟别人来往，把自己封闭起来，大家认为你清高架子大，连个话都不说，更不要说叫声师傅了，那大家也不理你，你就可能误入歧途进入危险地区；关键时刻不拉你那一把，你就可能"光荣"了。

所以我们人一定要活出希望来，寄希望于未来。无论你现在多么艰难困苦，没有关系，人的弹性和潜力是很大的，没有受不了的苦，遭不了的罪，你只要咬住牙坚持住，总有一天会苦尽甘来。

年轻的时候吃点苦没什么了不起。我从不愤世嫉俗，更不怨天尤人，我觉得在煤矿这十年是自己人生的一段宝贵经历，也是我的资源和财富。因为我有那十年的苦，现在就特别容易满足，看哪儿都好，不但生活好，社会氛围也好，所以就特别开心。我常对一些年轻人说，你怎么老不满意啊！现在比以前好多了。你看，我也像过去的一些老人，喜欢忆苦思甜了！

我觉得在广大群众当中，在青少年学生当中，有必要开展一种希望教育，就是大家放开眼向前看，社会在不断进步，今后会越来越好，困难都是暂时的，曙光就在前头！特别是对于一些贫困的大学生、下岗工人、残疾人、弱势群体，穷困落后地区以及地震灾区，媒体和政府要引导大家向前看，将来一切都会好起来，面包会有的，牛奶会有的，房子会有的，汽车也会有的，工作更会有的。好好活着，不要吃苦的时候你赶上了，享福的时候没你了，岂不有点冤！

苦难也是一所大学。一个从未经历过苦难的人往往会身在福中不知福。我的学生，有的家里很穷，在学校省吃俭用，啃馒头，吃咸菜，边学习边打工，现在大学毕业，拿到硕士、博士学位，成为专家教授，把爸爸妈妈接到北京来，尽点孝心，那种成就感，简直无法形容！而那些官二代、富二代子女，就体会不到这种幸福了。

助 人

赠人玫瑰，手有余香。助人为乐，也是一种有效的心理调节方法。做点好事，给别人一点帮助，不但别人快乐，自己也会快乐。

当年在煤矿，每天班前会都有政治学习。给矿工读读报，念念文件，解释一个词、一段话什么意思，就觉得自己还有点儿用，这书并不白念。

师傅平时叫我小郑，如果家里来信了，对我就特客气："郑老师，下班升井后请你喝酒。"平时师傅对我多有关照，那咱有机会也得给点回报。这些家信报喜报忧的都有，念完信跟师傅唠唠家常，他和我的关系就更近了。接着再给写封回信，根据他说的大概意思写了一大篇，师傅连声说："啊，挺好！挺好！还是你们文化人，就是会说。来！喝口酒，干一杯！"就这样，把喝酒学会了。所以，大家不要以为我那些年一直在痛苦中煎熬，那时没有任何休闲娱乐活动，没有电影电视，更没有游戏机和卡拉 OK，每天出一身臭汗，下班便睡觉。但时不时有师傅请你喝一顿，这个感觉还是挺好的。

曾在书里看到这样一个外国故事：有个男人家里连续遭到不幸，短短几个月内妻子和两个孩子一个接着一个死去。这一连串的打击让他痛苦不堪，整天吃不下睡不着，老想"我做了什么坏事了，上帝这么惩罚我？"整天在那儿愁眉苦脸，什么也做不了。他还有一个五岁的小儿子，不大懂事，有一天看见一些小朋友玩小木船，在水上漂来漂去的，回到家央求爸爸也给做一个。他说"烦烦烦！哪有心情给你做？""去去去！一边儿玩儿去！"儿子又哭又闹，没完没了，他只好找了一块木头，费了不少功夫，终于把小木船做好了。儿子拿着小木船特别高兴，又蹦又跳。儿子的兴奋感染了他，他就跟着儿子，看儿子跟小朋友们一起玩，看谁的小木船漂得快。他看孩子们玩得很开心，很快乐，突然有了感悟，自从发生灾难这几个月，就今天这几小时没痛苦，没烦恼。看来我不能待在家里，待着就会不断地烦恼，于是振作起来开始新的生活。你看他帮儿子做一点儿事，是不是转移了注意力，不再老想自己多倒霉。同时，他让儿子快乐了，自己也就快乐了。

一个很有名的作家，我不说他的名字了。这个人很有才华，年轻时就已经出名了。"文化大革命"时期被剥夺了写作的权利，不能发表作品了。他本来是以笔为生的，现在不让他写东西，他当然会很痛苦，很烦恼。不能写作，闲着不是很无聊吗？总得做点儿什么啊！做什么呢？哎，他去学缝纫、刺绣、织毛衣。这个人聪明啊，学什么都快，一点就通，很快就会了。很多人无事可做，可他却在那儿裁裁剪剪，做小衣服、小帽子，送给亲戚朋友、邻居同事，不但自己打发了时光，不那么空虚，不那么寂寞，不那么无聊了，周围的人还都夸他心灵手巧，干什么像什么，说人家就是聪明，不仅能写文章、写书，做这些活比我们女同志还棒，纷纷地感谢他。你说这样的人会烦吗？不但自己生活充实了，连心态也调整好了，在一片赞扬声中，活得很愉快，很开心。"文化大革命"后，他又重新拿起笔写出大量作品。这就是说，帮助人不但可以转移注意力，自己也会有成就感，受到别人的感谢和赞赏，心情自然就会好起来。

十几年前，我在台湾省参加一个心理辅导年会，听一位寺庙主持讲了他挽救一个年轻人生命的故事。一天，他见一个小伙子，心神不宁，看起来很绝望，就问他怎么了。原来小伙子是失恋不想活了，说烧完香就跳崖自杀。老和尚在交谈中得知他是个油漆工，就说我们这个庙已多年失修，破旧不堪，早就想粉刷一下，可我们出家人笨手笨脚干不了，今天是佛祖显灵，派你来帮我们，反正你也不想活了，在临死之前再做点好事，积点德，帮我刷刷油漆吧！在小伙子刷的时候，老和尚不停地夸他手艺好，小伙子越干越来劲，刷完后老和尚一再表示感谢，同小伙子边吃边聊。最后小伙子想通了，原来他在助人的过程中，重新找回了自己生命的意义和价值。

2006—2008年盖洛普世界民意调查，访问了186个国家20多万人，要受访者回答"上个月是否为慈善机构捐款"，以及"对生活是否满意"等问题。结果发现，无论国家贫富，个人收入多寡，为慈善机构捐款的人的生活满意度都高，而且捐款对幸福感的影响，与家庭收入增加一倍对幸福感的影响相同。

2010年，全球最富有的比尔·盖茨和巴菲特倡议美国亿万富翁将大部分财产捐给慈善机构，巴菲特宣布捐出自己全部财产的99％，他说："这是我最开心的一个决定。"

俄罗斯大文豪列夫·托尔斯泰有句名言："应该多做善事，为了做一个幸福的人。"

自　慰

我在煤矿那些年，除了怀有希望之外，还经常自我安慰：不就是干点活吗？有什么了不起的？同样是人，别人能干，我为什么不能干？人家要干一辈子，甚至老子死了儿子接着干，我顶多干几年。比上不足比下有余，我比那些关到监狱劳动改造的同学强多了！苦一点累一点，好歹咱们还有自由，而且收入也高啊！

矿工的劳动是非常原始的，打眼，放炮，抢铁锹，搬圆木，架顶棚，汗流浃背，光着膀子一干几小时。那个炮烟又苦又辣，大口大口地吞，煤尘呼呼地往嘴里灌，我住院两个多月出来，痰还是黑的。半个月白班，半个月夜班。白班清早四点起床，夜班下午四点起床，每天连下带上，摸爬滚打至少十几个小时。碰到高产日没完成任务或出事故需要处理，过了半夜才回来。明天能不能晚点起？不行！刺耳的铃声一响，照样得起来，确实很苦很累。可是，到每月开工资的时候感觉便不同了，我们下一天井有九角九分津贴，那时大学毕业生的工资是 46 元，我从不缺勤，每个月可拿到七十多元。若赶上高产月，大干一个月，又碰巧是大月，就能拿到八十多块。谁说幸福和金钱没关系？此时我觉得关系特密切，数钱的感觉真好！连数几遍，反复享受数钱的快乐，数完高兴地喝酒，那种感觉真爽！

现在人们工作五天，休息两天，甚至两天半，还喊压力大，我们当年连续干三十一天，也没听说压力这个词。据我观察，整天忙忙碌碌的同志很少喊压力大，牢骚最多的恰恰是那些无所事事、穷极无聊的人。

自我安慰的方法很多。比如，打破碗了说"岁岁平安"，丢了钱说"破财消灾"等。这种精神胜利法，看起来很消极，其实这里有合理的成分。我们遇到挫折、困难，遭到打击或失败，偶尔来一点儿自我安慰，来一点儿精神胜利法，作为缓解情绪的权宜之计，这是一种心理防御机制，也是避免自己精神崩溃的一种有效方法。

自我安慰简单易行，但是你不能老用这个，不能像阿 Q 那样，老是"小子打老子""我的祖宗比你阔多了！"也不能老是"比上不足比下有余"，老是"车到山前必有路！"安慰完了不做努力，没有行动，那叫没出息！但是你偶尔用一下，不但可防止精神崩溃，还可以让自己心情稍微好一点。就好像一个人发高烧，必须先吃退热药，然后再找病因，寻求解决办法。

　　一位领导插话：有位领导同志退休后，唱京剧，练书法，写了好几本书，晚年生活很充实。听说他还针对一些官员留恋权利、不愿退休的情况，写了一副对联，上联是"早退晚退都得退"，下联是"早死晚死都得死"，横批最妙："早退晚死"。这是否也可看作一种自我安慰呢？

你提到的这位领导哲学学得好，他写的那本《学哲学用哲学》我读过，确实不错！您看"早退晚死"这个横批多有哲理！

关于自我安慰，我们后边还有机会谈到，所以这里就不做过多的分析和讲解了。

　　一位年轻人插话：老师！您讲的心理调节方法，我数了一下，共有十二种，虽然都很好，但治标不治本！不管是宣泄、转移，还是幽默、放松，都只是暂时缓解一下，升华最积极，可是很难做到，我的根本问题没解决，过后不是还难受吗？

问得好！一语击中要害。确实如你所说，上述方法多数都是治标不治本，所以才叫"术"，要真正治本还要靠理智，这是更重要的心理调节方法。如何才能做到理智？阴阳辩证是个法宝，这是下一节要重点讨论的内容。

阴阳辩证法

讲心堂继续开讲，工作坊重新开工。

三思制怒

我们人是有情感的，更是有理智的，我们要用理智来驾驭自己的情绪情感，而不要做情绪情感的俘虏。我们平时经常说这人失去理智了，就是说他控制不住自己的情绪，压不住火儿，破口大骂或大打出手，或者激化了矛盾，或者导致了悲剧、惨案，这是失去理智的结果。

因失去理智导致的悲剧媒体上时有报道。比如，因对电动车收费标准不满而发生争执，拔刀相向，四人丧命；两个行人不慎发生碰撞，推搡中一人左眼被打瞎；楼上在阳台上给花浇水弄脏楼下晾晒的衣服，两家打斗互有伤亡；在飞机上因不满前边座椅后倾，由谩骂到大打出手，导致飞机迫降等。类似这样的新闻实在太多了。

那我们遇到问题，怎么才能做到理智呢？我总结自己的经验，概括成三思制怒法，就是说话、做事一定要思前想后。"三思而行"本是句古语，我给它做了一个新的解释。三思怎么思？

第一，要思发怒、发火是不是有理，我占没占住理。俗话说理直气壮，我有理，所以我可以大声跟你去辩论，去批评你。但其实要真正有理了，你应该记住另一句话："有理不在言高。"你真理在握何必要跟他喊呢？两个人吵架，我们旁观者有时分不清谁有理，我告诉你一个特别简单的辨别方法，你就看谁气急败坏，脸红脖子粗地在那儿大喊大叫，那个人往往没理，因为他没有理，所以只好用高声来压倒对方。你看那真正有理的人啊，任凭你在那儿喊，在那儿骂，等你喊累了，骂完了，他告诉你错在哪儿了，一二三几条一摆，你就瘪了，就没话可说了。有理啊！他是胸有成竹的，你那根本是胡搅蛮缠，站不住脚的，他几下就给你顶回去了。当然，毕竟你有理的时候，发一发火还可以理解，但是一个有教养的人还是可以不发火的。

第二，要思发怒、发火可能的后果，能给我带来什么。我骂了他，打了他，我跟他吵，我发脾气，摔东西，后果是什么。摔东西，毁坏了财产；顶撞领导，没有好果子吃；我动了手，他也要还手，最后两败俱伤，冤冤相报，矛盾越来越激化，弄不好还会触犯法律，受到制裁。两头羊面对面过一个独木桥，总得有一只后退相让，否则便会同归于尽。退一步海阔天空，与人方便，与己方便。彼此谦让最后双赢，大家都会成功。

第三，要思有无替代发怒、发火的办法，有没有更好的相对比较安全可靠的解决办法。比如，惹不起躲得起，我离开这个地方，我看见你就来气，我不看你不行吗？前边讲的幽默也是一种行之有效的化解矛盾冲突的好办法。

别人都说我这人脾气不错，有的学生跟我多年了，从本科、硕士到博士，竟然会向我提这样的问题："老师，您发过火没有？您生过气吗？"嘿！我说这是什么话呀？我当然也发过火，也生过气啊！"那我们怎么没看见呢？那您最后一次发火，最后一次生气是哪一年啊？"这说明他们平时很少看到我发火生气，因为看别的同学经常被老师训，感到自己很庆幸。有时候学生们在一起聊，张口你们"导"我们"导"的，有的诉苦又被自己导师骂了，我的学生得意地说，我们郑导从来不训我们，特宽松。其实我原来也不是这样的，年轻的时候也爱急，但是随着年龄增长，又学了心理咨询，人的性格虽然不可能完全改变，但是你慢慢地磨炼，修身养性，还是可以有所改变的。尽管当时也很气，也很急，但是表现出来很平静，这也是可能的。

我举一个多年前的例子。有一次探亲坐火车，没买到卧铺，只买到硬座，要坐十多小时。车上无座的人很多，很拥挤，中间我起来去上厕所，没有位子的暂时坐我那儿休息一下当然是可以的。我回来了，这个座位应该还给我，但是碰上那么一个人坐上就不动了。我开始忍着，想他可能太累了，让他再坐一会儿。可是后来我发现他没有让我的意思，好像目中无人，连理都不理我，也不说声"对不起啊！我再坐一会儿就让你"。不但不说，还在那儿洋洋得意。我想这个人可能忘记了这是我的座位，就提醒他说："这位师傅，您也休息一会儿了，能不能把座位还给我？"那个人不理我，我以为他没听见，就再次说这个座位是我的。他瞪了我一眼，高声说："你的？你叫它它答应吗？凭什么是你的？我和你花一样多的钱，怎么就许你坐不许我坐啊？谁坐了就是谁的！"这件事我有理，可一看那是个彪形大汉，横眉怒目，我惹得了吗？你说我去拉他，骂他，没有用啊！到时候一拳打过来，把我眼镜打碎了，眼睛扎瞎了，你说我犯得上吗？不就一个座位吗？不就是站几小时吗？算了，算了，还是忍着吧！周围的人也觉得这个人怎么这么不讲理啊？人家让你坐半天了，也可以了，这人也太过分了！但大家都敢怒不敢言，只是同情地看着我，气氛有点儿尴尬。我就调侃说："看来这个座位只能归您了，因为我要打也打不过您。座位有限，那就应该谁胳膊粗力气大谁坐，这也是公平竞争啊！您就坐吧！"说得他不好意思，脸都红了，在众人的笑声中把座位还给我了。我说声"谢谢！"然后才坐下来。表面上看我没生气，其实我心里气得很呢！但是好汉不吃眼前亏！你去跟他冲突没你好果子，咱犯不上自找倒霉。你看这就是三思而行。我思来思去，觉得自己虽然有理，但也不能跟他发火，动手会给我带来更不利的后果，所以就想有没有更好的办法，不发火行不行？想来想去，算了，调侃一下吧！当然我也可以去找警察、找列车员，那当然也是个办法，但当时实在太挤了，找都不好找，就是找来了，碰到这种蛮不讲理的主儿，他们也无可奈何，总不能用武力强制他呀！这种人往往吃软不吃硬，后来我俩互相谦让轮换着坐，其实坐久了站起来活动活动也挺好，下车时他学范伟的口音，对我说了声"谢谢啊！"这就是我的三思制怒法：先想有没有理，再想发怒的后果，最后想有没有更好的办法。

下面我再举个其他人的例子。一个小伙子在公交车上嗑瓜子，将皮吐在车上，女售票员走过去制止，他不但不听劝阻，还嬉皮笑脸地把瓜子皮向售票员脸上吐，售票员从座位里找出张报纸，卷成个纸筒，举在他面前接瓜子皮。小伙子脸红了，说了声"服你了，哥儿们！"在众人的哄笑声中，可能还没到自己的目的地，他便灰溜溜地下了车。

要记住：我们无法改变天气，但可以改变心情；无法改变容貌，但可以改变表情；无法改变别人，但可以改变自己。如果你生气，那是帮别人气你自己。

国外也有人提倡理智，说你在发怒、发火前，在张口吵架、骂人之前，要让舌头在口里绕十个圈。其实这无非就是说，你先别张口，水泼出去了收不回来，忍一忍，再绕一圈，再忍一忍，不一定非绕十下，你也可以多绕几下，把火压下来。但是光这样还不行，你还得加上三思，在绕圈的过程中一思，二思，三思，最后火气就下来了，这就叫作理智。

理情疗法

什么样的人有理智呢？应该是认识合理、有理性的人。这里我想介绍美国的一种心理治疗方法，叫作认知疗法，就是通过认知重建，改变你的认识来调整情绪。这个学派的一个代表人物叫艾利斯，他提出一种理性情绪疗法，也有的翻译成合理情绪疗法。他用一个 ABC 模型来概括这种理论和方法。

这里的 A 是英文"activating"的字头，指的是诱发性事件，即引起不良情绪的人和事，也就是那个刺激。比如，是你惹我生气，是他打击报复我，是那个人讽刺挖苦我，是这个人跟我捣乱作对，所以我才情绪不好，我才生气发火，我才睡不着觉，吃不下饭。这种不良情绪和行为是结果，英文是"consequence"，首字母是 C。我们往往认为，是 A 导致了 C，当然也不一定怪别人，有时候也会怪自己，我怎么那么笨，我怎么长得那么难看，我怎么考试没考好；有时候也可能怪环境，都怪天这么热，都怪路这么堵，所以就怨天尤人。我们常常认为，我情绪不好，是由有关的人和事导致的。艾利斯说，A 不能够直接导致 C，导致 C 的是 B，B 是什么？是"belief"，是你的信念和想法，是你对 A 的看法和解释，是你的认识出了毛病，是 B 导致了 C，而不是 A 导致的。怎么解决呢？通过批判和辩论，也就是 D，"dispute"，最后就会取得好的效果 E，"effect"。这 A—B—C—D—E 就是一个完整的通过认知重建取得心理平衡的模型。

艾利斯的 ABC 模型在西方很受推崇，但是它并不是新东西，古希腊哲学家伊壁鸠鲁有一句名言，"不是事情本身使你不快乐，是你对这事情的看法使你不快乐。"非常精辟！一千多年前就有这样的警句，所以艾利斯的理论应该说来自古希腊。

其实在艾利斯之前，类似的说法还有很多。

英国戏剧大师莎士比亚用《哈姆雷特》剧中人物之口说："世间事本没有好坏之分，人们琢磨这件事才将它们分出了好坏。"

美国思想家、文学家爱默生则说："对于不同的头脑，同一个世界可以是地狱也可以是天堂。"

美国第十六任总统林肯说得更明确："大多数的人之所以快乐，是因为他们让心使然。"可见理性情绪疗法并非艾利斯的发明。

人本主义代表人物罗杰斯提出心理咨询有效的一个重要原则是"无条件积极关注"，也就是无论看人、看己、看事都要多看积极的方面，往好处想，往好处说。

　　作为西方后现代哲学思潮主要流派的建构主义认为，我们的知识并不是对真实世界原状的准确反映，而是我们自己或社会用语言建构出来的，真理存在于我们的语言和文化之中。既然知识和真理都是人创造出来的，那它必然是主观的、相对的，不存在绝对的、超时空的永恒真理。在建构主义思潮影响下，心理治疗完全被看作一种语言的艺术。一个人的问题是自己在用语言解释经验的过程中建构出来的，经由不断重复，对问题的叙说逐渐稳固为"真实"，于是陷入了自己所构造出来的现实里。这就是说，问题只存在于求治者有问题的叙说或语言中，咨询师的任务不是将自己的所谓理性或正确认知强加给来访者，而是引导来访者将目前对生命经验或问题的说法，转变为另一种有助于问题解决的说法，这就是目前流行的叙事治疗的哲学基础。

　　以上几种理论无非是说：为什么有人总是那么豁达乐观，一天到晚高高兴兴的？因为他碰到事情往好的方面想，他就想得很开，就一点儿都不会烦；而有的人就总是往坏的方面想，老想对自己不利的，所以他就会烦。认知方式不同，这就是乐观者和抑郁者的区别。

　　上述理论很有道理，但也有局限。他们只是说你的认识不合理，缺乏理性，只要把认识改变了，你的心情就会好起来。但我怎么才能变得合理，怎么才能有理性，他们都未做出令人满意的回答。

　　经过长期的临床实践，艾利斯总结出了个体常见的十一条非理性信念，请看屏幕：

　　　①每个人都需要得到每一位对他而言重要的人物的喜爱与赞扬。
　　　②一个人必须能力十足，在各方面至少在某方面有才能、有成就，这样才是有价值的。
　　　③有些人是坏的、卑劣的、邪恶的，他们应该受到严厉的谴责与惩罚。
　　　④事不如意是糟糕的灾难。

⑤人的不快乐是外在因素引起的，人无法控制自己的痛苦与不快。

⑥对可能（或不一定）发生的危险与可怕的事情，应该牢记心头。

⑦对于困难与责任，逃避比面对要容易得多。

⑧人应该依赖他人，而且依赖一个比自己更强的人。

⑨一个人过去的经历是影响他目前行为的决定因素，而且这种影响是永远不可改变的。

⑩一个人应该关心别人的困难与情绪困扰，并为此感到不安与难过。

⑪碰到的每个问题都应该有一个正确而完美的解决办法，如果找不到这种完美的解决办法，则是莫大的不幸。

初学心理咨询的人往往把艾利斯列出的这十一条不合理信念作为金科玉律，但我觉得，这么罗列是列不完的，而且东西方也会有所不同，一个想法合理不合理，是受文化差异影响的。比如，东方人很爱面子，西方人不大讲；中国人强调忠孝，外国人不大重视。

近年来，西方心理学提出一种元认知理论。所谓元认知，简单来说就是对认知的认知，涉及对认知过程的评价、监测、控制的认知活动。该理论认为，心理障碍是由固执的思考方式、对自我不合理信念的失败调节造成的。负性思维方式比负性思维内容危害更大。艾利斯理性情绪疗法所总结的导致神经症的十一种不合理信念，都属于负性思维内容，而没有上升到负性思维方式的高度。如果我们在心理咨询和治疗过程中只是逐一批驳来访者的不合理信念，他以后遇到新的问题又会产生新的不合理信念，这同样是一种治标不治本的方法。授人以鱼不如授人以渔，只有辅导来访者掌握正确的思维方式，养成良好的思维习惯，才有助于他在今后的生活中自己解决自己的问题。

太极阴阳

我从事心理辅导、心理咨询工作几十年，目睹许多人为形形色色的问题而苦恼，甚至为一点儿小事耿耿于怀，或行凶报复危害社会，或自寻短见走向绝路，或抑郁成疾痛苦不堪。我们常常劝人遇事想开点，但有心理障碍的人恰恰喜欢钻牛角尖，不懂得如何想开点。

本人经过多年实践探索，于20世纪90年代创立了具有东方特色的阴阳辩证辅导的理论与方法，在临床工作中取得了很好的效果，使无数焦虑抑郁、悲观绝望者摆脱困扰和痛苦，重现阳光心态。

阴阳辩证辅导亦称阴阳辩证疗法，其理论既借鉴了西方传统的认知疗法、人本疗法和后现代建构主义哲学及元认知理论，以及在此基础上形成的叙事治疗和焦点解决治疗，又整合了中国古代的阴阳理论及当代中国一分为二与合二为一的辩证法思想。

阴阳理论源远流长，古代文献中有很多精辟论述。

> 一阴一阳谓之道。（《易经》）
> 道生一，一生二，二生三，三生万物。万物负阴而抱阳，冲气以为和。（《老子》）
> 阴阳者，天地之道也，万物之纲纪，变化之父母。（《黄帝内经》）
> 阴阳和静，鬼神不扰。（《庄子·缮性》）
> 阴阳错行，则天地大骇。（《庄子·外物》）

古人根据阴阳理论绘成的太极图（见图4-1），看似简单，其内涵博大精深，是对宇宙、物质、生命和精神世界本质的高度概括。

图 4-1 太极图

图中黑色代表阴，白色代表阳，寓意世界上任何事物都是个复杂的系统。小至基本粒子，大至宇宙天体，从微观到宏观，从物质到精神，从自然现象到社会现象，均是由无数方位和无限层次的阴阳组成的对立统一体。

图中白里有黑，黑里有白，寓意无论阴还是阳，都不是纯粹的单一成分，而是你中有我，我中有你。世界上的人和事，无不好中有坏，坏中有好，利中有弊，弊中有利，得中有失，失中有得，假中有真，真中有假。

图中黑白两部分，酷似两条游动的鱼，寓意阴阳在相互矛盾冲突的运动中此消彼长，相互转化，而其中的两个小圆，则代表与外部条件相呼应、作为变化依据的内因。图中黑白交界的 S 线代表阴阳的交互作用和动态平衡。

概而言之，万事万物，皆有阴阳；阳中有阴，阴中有阳；阴阳互动，相互转化。阴阳图的这三点寓意，恰与辩证法思想完全吻合。

阴阳辩证辅导的核心理论是太极图三点寓意提示给我们的三论，即全面论、相对论、发展论。

太极图的寓意之一是万事万物，皆有阴阳，提示我们看待任何问题一定要全面。遇事不能以点代面、以偏概全，只见树木、不见森林；对人不能攻其一点、不计其余，全盘否定或全盘肯定；要学会多角度、多层次地看待事物。要看到尺有所短，寸有所长，凡事有利有弊。在大好形势下要看到阴暗面，在困难的时候要看到成绩和光明。瞎子摸象的故事很富有哲理。无论是自然科学还是社会科学，无论是对宏观世界还是微观世界，人类的认识都仅仅是九牛一毛，沧海一粟，充其量是管中窥豹的一孔之见。每个人、每个团体都有自己的盲点和局限，意识到这一点，对增强理智、包容异见、减少无谓争论十分必要。

太极图的寓意之二是阳中有阴，阴中有阳，提示我们真理与谬误都是相对的。任何科学发现都受时间、地点、条件的限制，没有放之四海而皆准、千秋万代永适用的普遍真理。把真理绝对化，追求绝对准确、绝对公平、绝对完美，好就全面好，坏就彻底坏，这种看问题绝对化的人和片面性的人一样容易出现心理障碍。特别是一些所谓有知识的人，常常把知识当作绝对真理，不分场合地乱套乱用，这种教条主义者既害人又害己。解决的办法是倡导相对论，废黜绝对化。学会在危险中看到机遇(危机)，在痛苦中体验快乐(痛快)。领悟舍即得(舍得)，得即失(得失)的哲理。认识到和谐社会需要公平，但公平永远是相对的，差别只能减少不能消灭，我们在争取公平的同时，也要适当接受某些不公平。

太极图的寓意之三是阴阳互动，相互转化，提示我们万事万物皆在发展变化之中。斗转星移，沧海桑田，只有看到变化，接受变化，不断与时俱进，才能永远立于不败之地。那种好就永远好，坏就长久坏的想法，均是鼠目寸光的愚人之见。塞翁失马，焉知非福。好事可以变成坏事，坏事也可以变成好事。取得成功不要得意忘形，遭到失败也不要一蹶不振。要警惕乐极生悲，坚信否极泰来。要牢记外因是变化的条件，内因是变化的依据，外因通过内因起作用。要懂得量变引起质变，小变会带来大变的蝴蝶效应。要不断努力进取，勇于变革创新，促使矛盾转化。要寄希望于未来，"风物长宜放眼量"。

不合理信念或非理性认知的主要特点概括起来无非是片面性、绝对化、静止论。一个人只要违背了全面性、相对论、发展观中的任何一条，心理都会出现困扰或障碍。阴阳辩证辅导简单说来就是辅导来访者在看问题时变片面为全面，变绝对为相对，变静止为发展，学会阴阳平衡的中庸之道。

我们平时经常会遇到各种烦恼，如考试没考好，挨了领导批评，小孩子不听话，夫妻吵了架，出门丢了钱包，被人骗了，被人诬陷，或发生了什么不幸或灾难，总之是遇到了不开心的事情，常常会有人劝你想开点，但是他没有告诉你怎么想开点儿，你就是想不开，而且越想越烦！那我现在就以阴阳辩证思想为指导，来教你几招，让你学会想开点儿。

有阴有阳——变片面为全面

先讲万事万物有阴有阳。

为了避免空洞的说教，讲一些大家不好掌握的乏味的概念和理论，那我们还是用生活中的具体事例来说明。今天在座的年轻朋友比较多，咱们就先讲几个年轻人的故事。

有位女大学生，在班里年纪最小，刚上大学便开始谈恋爱，我问她喜欢对方哪些方面？她甜蜜蜜地说："他哪都好！我哪都喜欢！"陷入情网的人智商会降低，会有盲点，看不到对方的缺点。大学毕业后二人结婚，锅碗瓢盆一磨合，缺点暴露了，不到两年就离了，又把对方骂得一无是处。原来只看优点、爱得没商量是片面，现在只看缺点、打破了头还是片面。

一个女孩儿身材容貌都很好，还是对自己不满意，为单眼皮儿烦恼，决定做眼睑手术，可是去晚了，大夫要下班了。女孩儿很漂亮，说几句好话，两个男大夫争着做。为了节省时间，一个做左眼，一个做右眼，违背了操作规程。还边做边聊，说左边宽右边窄了，都让她听见了。回去就照镜子，果然一边宽一边窄，气得镜子也摔了，也不敢出门了。整天哭哭啼啼，在家摔东西，最后要跳楼，父母把她带到我这儿做心理咨询。其实这个女孩子啊，手术前很漂亮，手术后更漂亮，瑕不掩瑜。本来你要不说吧，她根本不会注意，咱们人都一眼大一眼小，谁也不注意。这既是由医生言语行为不当、消极心理暗示导致的医源性疾病，也是个人以点代面、以偏概全的结果，竟然因一点小小瑕疵把整个人否定掉，命都不要了，这就是片面性惹的祸。

好多年前，我接待过一个小伙子，大学四年级了。到我这儿愁眉苦脸，眉头紧锁，看起来非常痛苦，耷拉个脑袋也不大说话，就是觉得烦，觉得没意思，活着没劲，痛苦至极。我问他从小就这样吗？"那当然不是了，小时候不这样，小学中学都还不错，那时候就知道学习。"我又问，你刚上大学的时候是这样吗？"那也不是，来北京进了重点大学，还是挺高兴的。"后来谈着谈着，发现有一个转折点，让他心情变坏。在大学二年级的时候，全班同学集体出去玩，到郊区爬山。大家都高高兴兴，班上有一个女孩儿，是公认的校花。个子不高，瘦瘦小小的，挺苗条，挺漂亮，而且能歌善舞，特活泼开朗，蹦蹦跳跳。她一不小心就把脚给崴了。我的这个当事人呢，是一个很朴实的小伙子，从外地乡下考过来的，很乐于助人，就主动提出背女孩下山，被女孩拒绝了，对此他也没在意。可是，尴尬的是过了一会儿，班上另一个男生来要背她，结果白雪公主高高兴兴地让这个白马王子给背下去了。

现在请大家闭上眼睛体会体会，此时此地如果你碰到了这么一个尴尬的场面，你会有何想法，然后谈谈你的感受和体会。

年轻人七嘴八舌，有的说：我觉得这件事情没有什么，她愿意让谁背就谁背，反正我尽到心意了，不让我背拉倒嘛！

一个男生问：老师！是实话实说吗？

对！现在咱们就是实话实说节目，我扮演主持人，你们就是我的嘉宾。

小伙子笑了：要实话实说啊，我碰到了还真会觉得不舒服，挺别扭，挺窝火的，反正不痛快。

很多年轻人都会有你这种感受。

下面有人传过来一张字条，可能是那种非常内向的人写的，他连站起来表达的勇气都没有，我来念念：

　　"这种事情挺伤人的，如果我碰到这种情况，可能就活不了了。"

　　我相信他不是开玩笑，如果开玩笑他会说，老师啊！要碰到这事儿我就跳楼了！我都不拉他，我知道他是说着玩的，他不会跳，因为他是个很开朗的人。可写字条这位朋友，连站起来说的勇气都没有，真遇到这种情况他可能会非常痛苦！

　　我的这个当事人就是这样的，当时就没心情玩了，闷闷不乐，回来后老想，为什么我要背不让，而他要背就让背了呢？于是就找原因：第一，自己长得不如人家，人家个子高，长得帅，其实，我这个当事人长得也不赖，个头和我差不多，比我还敦实一点，结结实实的一个小伙子。第二，人家多才多艺，吹拉弹唱，打球照相，卡拉 OK，什么都会！自己笨手笨脚，呆头呆脑。第三，人家出身知识分子家庭，读书多，知识渊博，古今中外世界名著，什么《基度山伯爵》啊，《高老头》啊，侃起来一套一套的，自己是乡下佬，土老帽，插不上嘴，只能傻傻地在一边听，因为在家里就只是念那些中小学的课本了，别的那些一概不知道。第四，人家兜里钱多，经常请女孩子看电影，出去吃饭，自己囊中羞涩，同学生日聚会都不好意思参加。第五，自己是外地的农村户口，将来留北京很难，考研也不大有希望，出国外语又不行。

　　后来他越想越多，考到北京来上大学原本挺高兴的，中小学同学都很羡慕，可是一年之后回家，老同学聚会，有上大学的，也有没上大学的，本来上了大学的应该洋洋得意，令人羡慕啊！但出乎意料的是，班上原来那些学习很差的，既考不上高中，更考不上大学的，现在做生意，成为小老板，成为大款了，人家张罗着请客，他这个穷学生反倒自惭形秽。餐桌上大家聊起来，问他将来毕业了干什么，能留北京吗？他说留北京比较难，户口很难解决，更买不起房子。一位同学说："实在找不到工作，到我公司来，你是咱们班的佼佼者，到我这儿来好了。"他越听越别扭，当年我是学习好的，他是自己看不起的，可大学读完了还得给他打工！越想越不是滋味，觉得这个大学上得没劲，活着没意思，所以整天愁眉苦脸，唉声叹气，也不理人，也不上课，整个精神垮下来了，最后毕不了业。

请大家继续讨论这个案例，碰到这种情况你有什么办法解脱，怎么走出来？

一个小伙子说：老师啊，碰到这种事情憋得难受，我得骂人！

"你骂谁啊？"

"骂那俩！"

"哪俩？"

"那背人的和被背的我一块骂！"

"你当面骂吗？"

"嗯，不会！还不至于那么没教养，回去骂，当着我的哥儿们骂。"

"那你骂点什么呀？"

"也不能骂什么太难听的，骂他们不要脸！"

"我没听懂啊，她让他背了，他俩都不要脸，如果让你背了呢？是不是你们俩就都要脸了？"

"老师！我知道骂人不对，不过我就这脾气，不骂我憋得难受！"

"那你这几个哥儿们必须都是铁哥们儿，不会出卖你！但是有时候很难保证，你俩关系不错，他俩关系也不错，告诉对方了，结果人家学那秋菊打官司，不依不饶地让你给个说法，我们怎么不要脸了？所以最好还是不要骂人，心里堵，很郁闷，可以在没人的地方喊一喊，或跟人聊一聊，也可以跟对方沟通沟通。"

又一位小伙子对那位骂人的男生说："怎么能骂人呢？人家又没招你，没惹你！"

"那你有什么更好的方法呀？"

"碰到这种情况我得找那女孩说道说道，问问她为什么不让我背？不能这么就完了。"

下面我们来个角色扮演！请你当场演练一下。好，哪位女生愿意配合，扮演那个女孩？

一位女生站起来说："老师，我来！"

我指着这个女生对那个男生说："假如她叫小芳，是校花，她拒绝了你，让另一个男生背了，现在你怎么跟她去沟通，怎么跟她说？"

男生想了想对女生说："小芳！怎么回事啊？ 为什么我要背你你不让我背，他要背你你就让他背啊？ 你伤我自尊了，你让我好郁闷哪！"他学那宋丹丹，用东北话的腔调继续说："伤自尊了！"然后进一步调侃："是不是你这个千金小姐以为咱哥儿们背不动你啊，你有一千斤吗？ 咱哥儿们有力气，让我来试试，看我能不能背动你！"

千金小姐用在一个苗条瘦小的女孩身上叫作幽默，但不要乱用，人家是胖妞，每天为减肥烦恼呢，你见面就喊千金小姐，人家非跟你急了不可。

本来在好多人面前，你被人拒绝了，很别扭啊！特没面子吧？但是你这么一调侃，被动的是那个女孩啦，大家都转向她了，嗡嗡地起哄，这时候那女孩是不是就有点尴尬了。好了，现在该女孩来应对了。

女生：哥儿们啊，想哪去了？ 这可不是个力学问题！ 不是有劲没劲的问题！

男生：不是力学问题是什么问题啊？

女生：这不是一个心理学问题吗？

男生：哎，它怎么就是心理学问题了呢？

女生：这你都不懂啊？

男生：我不懂！

女生：不懂回家想去！ 慢慢想。

男生：不行！ 我这人脑子笨，想不明白，回去我睡不着。 你现在就告诉我，到底怎么回事？ 你要不给我个说法，我跟你没完！

女生：想不明白啊，那我告诉你吧！ 悄悄说，别让他们听见了。 咳，傻哥儿们！ 怎么不懂啊？ 我不是心疼你嘛，人家不是舍不得你嘛！

　　男生：噢！ 原来如此啊！ 谢谢你！ 好开心啊！ 不难受了。

感谢二位的精彩表演，大家给他们点掌声！我这里有纪念品发给二位。

你看，双方这么一调侃，矛盾消除了，这就是幽默的力量！以后见面，该打招呼打招呼，该说话说话，还可以做好朋友。要不然啊，不但自己郁闷，两个人关系还会越来越紧张，你也不理我，我也不理你。

同样是不让你背，如果你认为是看不起你，你就会难受，如果认为是心疼你，你就会开心得偷着乐。

　　一位男生急不可耐地说：老师！ 她那是开玩笑，她实际上根本不是那个意思！

　　一位女生接上来说：你们男生真有意思！ 怎么会那么想？ 如果我脚崴了，开始你们哪个男生来背，我都会拒绝，男女有别，不好意思嘛！ 想揉一揉，歇一会儿自己走。 可后来实在疼得太厉害了，真走不了啦，这时那个男生来了，我就让他背了，若你这时来背我，我也会让你背的。

大家看这位女同学的解释多么合理，这种可能性非常大吧！

　　许多人频频点头，场内气氛更加热烈。 又一位女生接上说："你们要背校花很容易！ 你可以跟着走，那个帅哥总有累的时候，等他满头大汗、气喘吁吁了，你可以说：'哥儿们！ 你累了，我来换换！'如果我是那位女生，我会悄悄对帅哥说：'你把我放下来，方才没让他背，他肯定有想法了，回去不一定怎么说呢！'我相信帅哥不会说这是本人专利，概不转让！ 那不成猪八戒了。"

一位男生一本正经地说："以后碰到这种情况，我们男生可以排队，一百米一个，你背完我背，我背完他背，轮着过把瘾，回去都做个好梦！"

大家看，是不是天下本无事，庸人自扰之，烦恼都是自寻的啊！

好多年前，有一次我走在校园，碰到两个学生，是我正在教的本科生，她们俩都想报考我的研究生，老远就打招呼，笑眯眯地喊了一声老师好！可我不知什么原因没理她们，看都不看一眼就走过去了。

这时一位同学心里就嘀咕了，老师怎么不理我呀？他是不是对我有看法，对我有意见啊？我什么时候把他给得罪了啊？回去吃不下，睡不着，怎么回事呀，老师怎么对我这样啊？想啊，想啊，终于找到原因，是不是那次下课，我跟同学开玩笑，他听见了，以为我在讽刺他啊？哎，肯定是！自从那之后他对我态度就变了。哎呀！我这个破嘴，开什么玩笑啊！这下完了，你说得罪谁不好，怎么偏偏把他给得罪了？这个老师也是，心眼儿小，心胸狭隘，肯定会打击报复！他对我这个态度，我要考他研究生，他怎么会要我啊？完了，考研究生算没希望了。当时大学毕业还是分配而不是自己找工作。她又一想，哎哟！他还是系里的领导，毕业分配就他说了算，让谁去哪儿就得去哪儿！这下子我算倒了霉了，考研究生他不会要我，分配也不会给我好地方，肯定哪儿最不好让我去哪儿！越想越觉得这辈子算完啦。又怪自己，又怨老师，整天烦恼不堪。幸好有一次聊起来了，我问她考研报名了吗？她说没报。"怎么没报啊？""报了您也不会要我！""哎，这从哪儿说起啊！怎么还没考我就不要你了？这可得说清楚！"然后慢慢聊，我才弄清是怎么回事。

幸好她说当时还有一个同学，于是把那个同学找来一块儿聊。可那个同学早把这事忘了，经过一再启发她才想起来，"好像是有那么一回事，老师是没理我们。"我说那你怎么想的？"我没想什么呀！"我说那你就现在想一想，如果我没理你，你会怎么想？她说："我怎么想？可能老师眼神不好，戴个眼镜还没认出我们；也可能老师年龄大了，耳朵有点儿背，所以没听见；还可能想老师也许有急事，要去校长那儿开会，怕迟到了顾不上；还有可能老师一边走路一边琢磨工作，没注意我们。"我说，你再想想，还有什么可能？"老师，我可以随便说吗？"我说可以。"还有啊，可能今天老师让师母骂了，心情不好；或者您的两个儿子又不听话了，刚惹祸，您很烦，没心情跟我们聊天。"

当然还可能有一些五花八门的想法，这么想她会烦吗？会难受吗？一点儿都不会！那第一个同学为什么就难受了呢？她们俩的 A 是一样的，都是我没有理她们，由于她们俩的 B 也就是想法不同，C 就截然不同，一个烦恼，一个什么事儿都没有，吃得香，睡得着，该考研还考研。可前一个同学以后见我特尴尬，如果我又没理她，"你看这老师还是不理我"；如果我看了她一眼，"这老师又瞪了我一眼"；如果我对她笑一笑，"你看这老师嘲笑我，有你好受的时候！"这就叫疑人偷斧，怎么看对方都像个贼。

我们在做心理咨询的时候，可以提出问题来让来访者不能自圆其说，引导他由片面变为全面。

"你有什么根据说老师对你有看法啊？"

"他不理我嘛！"

"他不理你就一定是对你有意见、有看法吗？"

"那他为什么不理我啊？"

"他也许没看见，也许没听见呢！他也许有急事，也许没心情呢！"

"啊！也可能，我怎么没这么想呢？"

"你看这么想是不是你就不烦了。以后遇到事别老往坏处想!"

有人插话:"您举的这两个例子,对方都是无意的,当然可以说是自寻烦恼,但我的情况不一样,明明是他打击报复、讽刺挖苦我,明明是他有意捣乱、成心跟我作对,怎么能说我自寻烦恼、庸人自扰呢?"

不怀好意、成心捣乱的人当然有,他的目的就是让你难受,希望你垮下去,那你为什么要上他的当,要顺他的思路走?为什么要用他的错误来惩罚自己?你可以这样对待他:我就不痛苦!我就不垮!我就是要高高兴兴地活着!他看你活得开心,他就痛苦了,那是他心理不健康。

一小伙子问:那我怎么才能变片面为全面呢?

很简单,太极图一半黑一半白,遇事换换角度,看那白的一半不就行了吗?伟大领袖毛主席教导我们:"我们的同志在困难的时候要看到成绩,看到光明,要提高我们的勇气!"当然,在大好形势下,也要看到阴暗面。

我在煤矿劳动那几年,国家经济十分困难,凭票供应的酒不够喝。一位师傅找到半瓶酒,叹口气说:"咳!就剩半瓶了!这过的什么日子?连酒都喝不上。"于是喝闷酒、耍酒疯,喝完了骂人,大家都讨厌他。另一位师傅也好不容易找到半瓶酒,一看就乐了,"哇!还有半瓶啊!来!小郑,喝一口!"我当时不会喝酒,每月凭票买的三斤酒,都孝敬这位心态阳光的师傅了。你看,同样半瓶酒,你看空的那半和满的那半,用不同语言来表述,感受截然不同。"咳!就剩半瓶了!"难受了。"哇!还有半瓶啊!"开心了。所以我们要学会正确的看问题方法和表达方法。

一个女孩儿失恋了，非常痛苦。我对她说："你有什么损失啊？你不就失去了一个不爱你的人吗？而对方失去了一个深深爱着他的人，你们俩谁的损失更大，谁应该更痛苦啊？"女孩茅塞顿开，破涕为笑。

有位女士工作很忙，与丈夫聚少离多。一个偶然的机会，发现先生同自己一个很丑的闺蜜打电话聊得火热，于是怀疑丈夫不忠，心里很不平衡，到我这诉说委屈："有外遇也该找一个漂亮点儿的，难道我还不如那个丑女人？"我对她说："你工作那么忙，没时间陪他聊，闺蜜替你帮丈夫消除寂寞，你还有什么不放心的？若是他跟一个漂亮小姐聊，那不是更危险吗？"她恍然大悟，说谢谢老师点播，高高兴兴地离开了。

20 世纪 80 年代，北京通州有位模范班主任，夸一个以淘气、调皮、打架闻名全校的小学生身体好，是毛主席提的"三好"中的第一好，并让他在运动会上显身手，做贡献。孩子在老师的鼓励下，逐渐增强了自信，不断进步，终于成为三好学生。

阴阳辩证辅导的第一招就是全面论，口诀是"这方面不好那方面好"。这个人有毛病，但是也有优点呀！孩子学习不好，身体挺好啊！这个工作活儿累，可是钱多啊！这个单位离家远，可是领导对我不错啊！这样全面看，是不是你就可以感觉好一点儿了？所以无论是看人、看事、看己，你换一个角度，从不同的侧面去看，一定能发现好的东西，积极的东西，这样你就想开了，就不烦了。

下面再举几个例子：

> 我很丑，但我很温柔。
> 我个矮，但我很灵活。
> 我嘴笨，但我手很巧。
> 我人穷，但我志不短。
> 我身体不好，但脑子好。

那个人能力不强，但人品好。

这个单位工资不高，但福利好。

这个工作活累，但老板对我不错。

有人问一位盲人是否痛苦，盲人含笑作答："和聋子相比我能听见声音，和哑巴相比我能说话，和瘫痪的人相比我能走路，我还痛苦什么呢?"这就是全面看问题给人带来的快乐。

阴中有阳——变绝对为相对

除了片面性，看问题绝对化，追求绝对真理、绝对准确、绝对公平、绝对完美的人也会出问题。所以阴阳辩证辅导的第二招是相对论。

相对论的口诀是"不好中有好"，甚至有时候还可以说"不好就是好"。大家对这一点可能感到不好理解，好就是好，不好就是不好，怎么不好就是好啊?那岂不没有是非了吗?

你看那太极图黑中有白，白中有黑，其寓意是阴中有阳，阳中有阴，坏中有好的成分，好中有坏的因素。

好就绝对好，坏就绝对坏，这是绝对化的主要表现。绝对好就会得意忘形，乐极生悲；绝对坏就会悲观绝望，一蹶不振。

下面我们还是通过具体事例来说明绝对化的危害。

1986 年，我在美国艾奥瓦，和我住同一楼门、同一楼层的邻居是一位中国留学生，名字叫卢刚，北大物理系的高才生。这个人聪明绝顶，多少国家的学生啊，他总是考第一，很给中国人争光，可是后来他出了问题。1990 年，他已经得到博士学位了，但是他老是觉得这也不公平那也不公平，最后开枪把他的导师、副导师、系主任、副校长和一位来自中国科技大学的同学打死，把校长秘书打伤，自己也自杀了，这成为震惊世界的大惨案。后来咱们报纸上讨论，说这个人主要是品德问题，极端自私。我同卢刚相处了整整半年，关系还不错，并没觉得这个人有多坏，还有一个跟他多年共用客厅、厨房、卫生间的中国留学生，与他接触更多，也没感到他有多自私。那么卢刚的问题到底出在哪里呢？在我看来，主要出在思维方式、思维习惯上，出在绝对化上。他总要求绝对准确，绝对公平，如一起出去郊游，野餐时你喝点我的饮料，我尝尝你的水果，完了他一定要算账，几角几分也要算清，弄得大家很烦；两个人结伴出游，你也有车，我也有车，开谁的？他要抛硬币来决定。他这样做错了吗？并没错！是小气吗？也不是！他从不占人便宜，但就是不大招人喜欢，弄得自己没朋友。AA制是美国人的游戏规则，中国人刚开始还不习惯。做自然科学实验需要尽可能准确，处理人与人的关系不能太较真儿。卢刚的悲剧最后就出在太较真上：为什么答辩会场没有投影仪？你们工作人员欺负我。为什么第一次答辩不给通过？你们教授合伙整人。为什么那笔博士后基金给他不给我？你校长也有问题！一切都不公平！这就是他的思维。

准确和公平都是相对的，世界上没有绝对准确、绝对公平的事情。我们现在构建和谐社会，提倡公平，这对保持社会和谐稳定是完全有必要的。作为司法机关、作为政府、作为领导，制定政策、处理问题一定要尽可能的公平。但对公平不能过分强调，片面强调公平会走向另一个极端。老讲公平、公平，有人就会老觉得不公平。原告觉得公平了，被告就可能觉得不公平；开发商觉得公平了，钉子户就觉得不公平；穷人感到公平了，富人就感到不公平，反过来也如是。所以，我们在努力争取、努力做到公平的同时，也得要学会接受点不公平，适可而止，差不多就行了，否则就有处理不完的矛盾纠纷，有人就会不断地上访、告状，纠缠个没完没了。

一位最高法院的领导说：许多人对我们工作压力大不理解，说你们大法官审审案子能有什么压力呀？各位可能有所不知，到我们这都什么人哪？市里中级人民法院判完了不服，上诉到省高级法院，高级法院判完了还是不服，最后才到我们最高人民法院。有的为了几千块钱、几万块钱，没完没了，不停上告，老认为不公平。爷爷死了，儿子接着告，儿子跑不动了，孙子又来了！你用这些告状的时间和精力，不是早赚回来了吗？你说这样的老百姓多了，我们能不忙吗？

不但不能追求绝对准确、绝对公平，也不要追求绝对完美。一追求完美，人就要出问题。有一个大学生，名牌大学的优秀学生干部，连年的三好学生，因为一次晚会唱歌跑调儿了就自杀了。他的问题不仅是追求绝对完美，他也把真理绝对化了，把认真看作放之四海而皆准的普遍真理，时时、处处、事事都认真，这样的人一定会出问题：第一，活得太累；第二，人际关系不会太好；第三，没有效率，抓不住主要矛盾，干不成大事。

心理学研究表明，人有时候出点毛病犯点错，非但不减少反而会增加别人对你的喜爱。在我与人合译的一本社会心理学书中说，有学者用实验证明：一个偶尔出点丑的老师更受学生喜欢。1985年，我在美国看到一篇报道：中国一个杂技团在洛杉矶演出，中间有一场演砸了，摔了个稀里哗啦。大家想，这下完了，后面几场没人看了。结果出乎意料，下边几场爆满。记者很好奇，采访观众。一位观众说，本来不想看，认为都是假的，后来发现都是真功夫，弄不好会掉的，真功夫好看！你看，一次小小的失误，增加了真实感，提高了可信性，这就是辩证法！

一位年轻人问：那我们怎么才能变绝对为相对呢？

很简单！就是从太极图的黑中找到白，白里找到黑，从不好中发现好。

年轻人又问：不好中怎么还会有好啊？

还是让我用案例来说明吧！

爱迪生为发明电灯，使用了不同材料，做了一千多次试验均不成功。有人对他的失败表示惋惜，爱迪生笑着回答："我并没有失败，我发现了一千多种材料是不适合做灯丝的。"

清代大贪官和珅在救助灾民时，往熬好的粥里掺沙子，受到纪晓岚训斥，和珅辩解说："老百姓都端个盆来领粥，怎么能分清谁是灾民啊？喝掺了沙子的粥才是真正的灾民。"

据说作家郑渊洁小时候很调皮，有一次老师出了个作文题"早起的鸟儿有虫吃"。同学们都写如何努力学习，起早贪黑，用功读书，他却写了"早起的虫儿被鸟吃"！大意是说，从鸟儿的角度看早起是好事，可对虫儿来说，早起就未必是好事了。这种全面看问题的文章，却得了零分。因为他过于淘气，经常捣蛋，上了不到四年学就被老师赶回家了。没想到因祸得福，因为16岁就提早工作，又非知识青年，不用上山下乡。他白天在工厂干活，夜里可能做了什么稀奇古怪的梦，凌晨四点起来写童话。在20多岁的时候，一个《皮皮鲁与鲁西西》，让他一举成名，成为"童话大王"。网上说他现在是中国作家首富，每年单是版税收入就有两三千万。这说明淘气调皮的孩子，往往具有创造性，喜欢独立思考，绝不人云亦云，这就是"不好中有好"的相对论。

20世纪80年代，有一家服装厂，效益不好，服装积压，濒临倒闭。于是进行改革，将各项工作分别承包。有位外号"大美人"的女工，干活怕苦怕累，技术也不行，哪个作业组都不要她。说她整天"臭美"，花枝招展，让她入组，几个男的就没心思干活了。国有企业不能解雇，怎么办呢？领导决定成立一个模特队，让她当队长。她人漂亮，又会打扮，那些服装让她一捯饬，在T形台上走走猫步，顾客眼前一亮，哇！这衣服真漂亮！就这样把积压多年的服装全部推销了出去，把快要倒闭的工厂救活了，比吃苦耐劳技术好的工人贡献大得多。你看是不是黑中有白，不好中有好？管理心理学有个法则，所谓用人之道，就是用其所长之道，蠢材是放错了位置的人才！

一个孩子胆子小是缺点，但他谨慎，躲避危险，长大后不容易犯错误，是不是优点啊？

一位女同志经常骂丈夫小气，舍不得给自己花钱。我说你的丈夫有个大优点，会过日子啊！小气不就是节俭吗？他不乱花钱，还有个更大的好处，不容易有外遇！就他那小气鬼，哪个情人会跟他好啊？这个女同志想了想说："那倒是！我老公确实没有拈花惹草的毛病。"

假如别人嫉妒你，私下议论你，讽刺、挖苦你，别难受，偷着乐去吧！卡内基说："嫉妒是变相的恭维。"你如果是个傻瓜、笨蛋、窝囊废，会有人嫉妒你吗？被人嫉妒了就说明你还不错，你有进步了，而且你的成绩被他看到了，他承认了你的价值，那不是在夸你吗？你就谢谢他好了，承蒙夸奖，多谢多谢！当然，你也别做得太过分了，不要太张狂。大家都来说三道四，那就说明你做得过头了，太锋芒毕露，所以也得适当收敛收敛，别老那么张扬，让人家看着不顺眼。最好虚心一点儿，低调一点，必要时也给别人点儿帮助。所以，任何事情都有一个火候儿，都要把握一个度。

比如，我没有朋友，别人都相约出去玩了，只把我一个人晾在这儿了。别难受，你别说我多孤独啊，反过来应该说好清静啊！他们都走了，我可以做点儿自己喜欢做的事，看看书、写写文章多好啊！平时吵吵闹闹的，难得清静一会儿。这样想是不是就不会烦恼了。

据传苏格拉底是单身汉时，同几个朋友合住一间陋室，整天乐呵呵的。有人问，那么多人挤在一起有什么可乐的？他说："与朋友在一起可随时交流思想感情，难道不值得高兴吗？"后来朋友们陆续搬走了，只剩他一个人，他仍然很快活。又有人问，你孤孤单单的有什么好高兴的？他笑答："无人打搅，安安静静地看书不是很好吗？"

金庸的作品被大量盗版，他非但不生气反而说："如果没有那么多的盗版书，我的书不会有那么多的读者，我也不会那么有名。"金庸认为，生活中有许多负面的事，常常不是人的能力可以改变的。既然难以改变，就坦然接受，并且多往好处想，就愉快多了。

危险是坏事情吗？危险同时就是机会，所以中文里有"危机"一词。人们现在常说的"挑战与机遇并存"，就是这个意思。

中文里这种美妙的词汇多得很。痛苦中有快乐，你没遭受过痛苦就体会不到快乐！咱们经常说痛快，没有痛苦哪儿来的快乐啊！所以，人一生经历点磨难，小孩子受点儿苦，年轻人外出闯荡闯荡，到艰苦的地方锻炼锻炼是有好处的。如果我现在大学毕业，说不定就报名去西藏了，不就几年吗？有什么了不起的！又不像从前去了就回不来了。到那儿你是有知识、有文化的，受重用啊！不但游览了西藏的美丽风光，听说回来还能晋升一级，起码比你在这儿挤来挤去找不到工作好。越是艰苦的环境越锻炼人，提高越快，这真的是我发自内心的话。我前几年去过西藏，我觉得真的很不错！唐古拉山口海拔5300多米，我这么大年纪都过去了，你们年轻人还怕什么？经历点儿痛苦磨难，这是你人生的一笔财富。有一句话"痛并快乐着"，说得太好了，女人生孩子是对这句话的最好注释。

还有舍得，舍就是得，你不舍就不会得；当然得就是失，你在得到的同时也会失去一些东西。这就是不好中有好，反过来好中也有不好。所以你碰到倒霉事，你就看一看有没有那好的一面，你把这个东西找出来了，你就不那么痛苦了。

倪萍的《姥姥语录》中有这样一段话："不管啥事你想不通倒过来想就通了，什么人你看不惯换个个儿就看惯了。吃了一辈子小亏，占了一辈子大便宜……一辈子没有大幸福，小幸福一天一个。"你看，连一个山东乡下的小脚老太太都懂得辩证法！

类似的话语还有很多，下面列出一张词汇表，供大家练习参考。请看屏幕：

胆小——谨慎

小气——节俭

自卑—谦虚

死板—认真

害羞—老实

破财—消灾

幼稚—单纯

唠叨—关心

孤独—清静

嫉妒—恭维

危险—机会

痛苦—快乐

吃亏—是福

吃堑—长智

我们从上面这些词汇当中是不是可以看到，不好中有好，好中有不好？好与坏都是相对的，变绝对为相对，这就是我教你的第二招。相对论掌握起来较难，所以要多做练习。

阴阳转换——变静止为发展

阴阳辩证辅导的第三招是发展论，口诀是"现在不好将来好"。

毛主席说："好事可以变成坏事，坏事也可以变成好事。"塞翁失马，焉知非福？福兮祸所伏，祸兮福所倚，福和祸是可以相互转化的。好事别忘形，小心乐极生悲。得意不要张狂，失意不要气馁。在困难的时候要看到黑暗即将过去，曙光就在前头，这就是发展的眼光。

还是让案例说话吧！

欧洲有两位皮鞋商，去非洲考察市场。一个人转了没几天，便垂头丧气地说："黑人都不穿鞋，我这是劳民伤财，瞎耽误工夫！"一无所获，无功而返。另一个人越转越兴奋，不时发出感叹："原来黑人都没鞋，这个市场有多大呀!"前者持静止论的观点，认为黑人是永远都不穿鞋的；后者认为现在不穿鞋不等于将来不穿鞋，用发展的眼光看到了潜在的市场，后来果然发了大财。

德国有位四十多岁的中年人，犯了重罪被判十四年。别人都认为他这辈子算完了，没什么希望了。可他自己不但不绝望，还在监狱中刻苦学习，钻研管理理论。因为表现好，提前七年释放，打拼几年后，成为一家跨国公司的 CEO。

有人问王石，最佩服的企业家是谁？他没说比尔·盖茨，更没说马云，他说最佩服的是褚时健。褚时健一生历经磨难，一直乐观顽强地活着，在七八十岁的时候，由昔日叱咤风云的"烟草大王"变为当今亿万富翁的"褚橙大王"。这就是前面讲的希望的力量！

一个人遭受挫折失败或倒了霉，如果你认为这是糟糕至极、无法挽回的灭顶之灾，就会因悲观绝望而带来更大的不幸。倘若抱着既来之则安之的心态，在山重水复疑无路中，淡然处之，冷静地寻求解决办法，说不定会柳暗花明又一村。就是实在解决不了，也要坦然面对，相信地球照样转动，天塌不了，真塌了还有高个子顶着，没什么了不起的！

再举一个真实案例。我的家乡东北有个化工厂，一些女工每天上班都要换上工作服，以防化学物质伤害身体。某天早晨，伙伴们更衣时看到一位老大姐带了个项链，大家争相传看，十分羡慕。一位女工晚上回家对丈夫说："我们王姐老公给买了个大项链，24K 的，一千多块，特漂亮！"说者无心，听者有意。丈夫心想：结婚多年，没给媳妇送过一件像样礼物，她喜欢项链，一定给她买一个！于是男的加班加点、省吃俭用，终于攒够一千多元钱，也给媳妇买了个 24K 的项链。女的很喜欢，每天戴着项链走来走去，没想到被人盯上了。有一天，她在更衣室刚脱了衣服，把项链从脖子上摘下，还没来得及锁进更衣箱，突然从角落里窜出一个强盗，一把就将项链抢走了，她一急，一边大喊抓强盗，一边奋不顾身地追出门去了。外面上班女工很多，大家围追堵截，抓住强盗，项链失而复得。

故事到此并没完，这种事传得快，很快便满厂风雨。有的工友逗她丈夫："咱们老大嫂、小弟妹太厉害了，勇敢！勇敢！佩服！佩服！"其实大家并无恶意，只是觉得好玩，开开玩笑罢了。偏偏她的丈夫内向害羞，受不了这种玩笑，回家就骂媳妇："你个臭不要脸的，要钱不要命！光天化日，你赤裸裸地给我丢人现眼！"两口子原来感情很好，从来没吵过架，没红过脸，经常吵架的夫妻一般承受力都比较强。丈夫劈头盖脸一顿骂，骂得媳妇特委屈，又觉得自己走光出丑，没脸见人，当天就服毒自杀了，变成了一场大悲剧！亲友们纷纷指责丈夫，男的追悔莫及，也想跳楼随妻子而去。

其实，这对夫妻中只要有任何一个人心理健康一点儿，这场悲剧就可以避免。

如果丈夫懂得辩证法，可问开玩笑的工友当时是否在场，是否亲眼所见？若伙伴回答是听别人讲的，不妨用玩笑对付玩笑："老弟，真是太遗憾了！为什么不早点去呀？你嫂子就露这一回，想看也看不着了！不过没关系，以后每天早点来，在门外等着，说不定还有人露呢！"如此一来，开玩笑的人就会闭口。否则，你越狼狈害羞，别人越拿你开心。男的回到家，可以对女的说："媳妇！今天的事我听说了，大家夸你挺勇敢的。不过你一定受了惊吓，快躺下休息一会儿，我来做饭。"然后将饭菜端上来，倒杯啤酒，"媳妇！敬你一杯！喝杯酒压压惊。你今天功劳大大的，一千多块没损失。来！干一杯！庆祝一下！"待媳妇情绪稳定了，接着说："项链夺回来了，只要想戴还可以继续戴！但再要被人抢去了，可千万不要追了！弄不好强盗回头给你一刀怎么办？我去哪儿找你这么好的媳妇啊？还是身体重要，保命要紧！"如果强盗跑掉，追了半天没追上，女的可能更窝火。男的可以这样安慰她："露就露了，没什么了不起的！那些电影明星年纪轻轻的，还没结婚就敢脱，咱们这么大年纪了怕什么？"如果媳妇心疼那一千块钱，男的还可以这么说："你真以为一千块呀？你老说王姐项链一千多，我哪有那么多钱哪？地摊小贩要二百，我知道是假的，一百块就买下来了！我还整天担心表面金粉掉了你找我算账呢！这下好了，旧的不去新的不来，以后一定给你买真的，绝不再骗你了！"媳妇明知你是在安慰她，也会感动不已。然后抱抱媳妇，亲亲媳妇，"宝贝！有老公在，媳妇别怕！"媳妇一定更加感动，两人的感情会比以前更好。

如果媳妇情商高一点儿，丈夫发火可以不理他，做点他喜欢吃的，再敬一杯酒："老公啊！对不起！今天给你丢人了，实在不好意思，向你道个歉！"你骂了半天，人家不但没还口，还向你道歉，任何一个不讲理的丈夫，也会原谅媳妇，检讨自己不该骂对方。男的情绪稳定了，女的可以继续说："老公！你知道我为什么不管不顾地追强盗吗？""你不就舍不得那一千多块吗？""你真以为我是为那一千块钱吗？这是你给我买的礼物！你吃苦受累多不容易呀！若是以前男朋友买的，丢就丢了，我才不追呢！"然后跟老公嗲一嗲："亲爱的，别生气了！奴家知错了！"丈夫一定火气全消。经过此次事件，夫妻感情不是更加深了吗！

股票跌到底就开始飙升了，房价涨到离谱也一定会回落。花开花落，云卷云舒，雷雨过后必定阳光灿烂！

人间之事，福兮祸兮，实难预料。你说老头的马丢了是坏事吗？焉知非福啊！果然，过了几天，老马识途回来了，跟过来一群野马；你以为这是好事吗？焉知非祸啊！儿子训练野马，从马背上摔下来，腿断了，残废了。你想这回不要说辩证法，变戏法也变不好了！还真难说，过了不久官府来抓兵，全村壮丁都抓走了，就剩下他儿子这个瘫在床上的。没有几年，这些壮丁全都战死在沙场上了，马革裹尸还，他儿子成了村里唯一的革命火种。你说这断腿是好事还是坏事，如果不断腿啊，命都保不住了！这就是发展论，就是毛主席举的坏事变好事的例子。

这种福祸转换的事例生活中屡见不鲜，我还是要讲自己的亲身经历。

在煤矿劳动的第三年，一个高产日，我正在抢铁锹，干"倒煤（霉）"的活，就是把炸药刚崩下来的煤炭，用铁锹撬到几米远的电动运输带上，掌子头突然冒顶，发生塌方事故，我被埋在了里面。师傅把我救出来，送到医院，我从昏迷中醒来。师傅对我说："你小子命大！顶板上没有石头，没把你砸死；埋得不太深，我第一个救的你，你这个大学生不容易啊！你们哪儿干得了这种活？幸亏你没偷懒，铁锹压在你身下，有点空隙救了你一命。你要是偷奸耍滑，铁锹倒在别处，早憋死闷死了！"

我醒来后嗓子干，有点儿渴，师傅递过来工伤者可享用的水果罐头，结果我的手不听使唤，抓不住，把瓶都摔碎了。经大夫和仪器反复检查，确诊是颈部神经受了损伤，从此我留下了手颤的后遗症，写字歪歪扭扭，吃饭必须两手并用，一手筷子，一手勺子或叉子，否则很难夹住。

另一处伤是在腰部，我喜欢站着讲课的更重要原因是坐久了腰受不了。

工伤导致后遗症，看来我够倒霉的吧？但是应了那句"大难不死必有后福"的老话。受了重伤，住了两个半月医院，没想到因祸得福，认识了主治大夫，她将自己的好朋友，也是一位白衣战士，介绍给我，第二年我就结了婚。电视剧"亮剑"中的李云龙受伤住院找了个护士，我住院找了个大夫。

请大家配合一下，此处可以有掌声！

众笑并热烈鼓掌。

谢谢大家！

当时我爱人因支援三线建设在贵州水城老鹰山煤矿医院工作，那个年代调转工作非常难，特别是由偏远山区调到城市，更是难上加难！我只能过着"一年一度探亲假，不是牛郎，胜似牛郎，两地分居徒悲伤"的生活。（套用毛主席诗词"一年一度秋风劲，不似春光，胜似春光，战地黄花分外香。"——作者注）也许是善有善报吧！在"文化大革命"中她照顾过一位整天挨批斗的老领导，无非是递杯水或给伤口涂点药的小事，却被这位领导铭记在心，落实政策官复原职后，鼎力相助，帮我爱人调回了抚顺，我们全家得以团聚。如此看来，人还是多做善事为好。

1976 年伟大领袖毛主席逝世，一位老师傅，是个劳动模范，对毛主席感情深，追悼会哭完，将一枚毛主席像章，不是别在衣服上，而是别在了心坎的肉皮上，下井后拼命干，连续几个班不肯升井。领导高兴了，说这是精神原子弹，一定要大力宣传！让我写这个师傅的事迹材料，突出两点：第一，毛主席是我们心中的红太阳，毛主席永远活在我们矿工心中。第二，写师傅加班干，连轴转，出大力，流大汗，吃大苦，耐大劳，多出煤，出好煤，化悲痛为力量，以实际行动怀念毛主席！我想这样一宣传就把师傅害了，以后像章没法取下来了。于是对那位领导说："毛主席去世了，我们都很悲痛，毛主席要活在心里，不是活在肉里，否则以后摘下来不就是不活在心里了吗？若大家都这样做，有人得了破伤风怎么办？当务之急是动员这位师傅升井，时间久了会出事的！"我本来还想说："升井后让大夫把像章取下来，给师傅胸部抹点酒精消消毒，毕竟井下太脏了！"可再一想。此话绝不能讲，一出口就成反革命了！人家戴毛主席像章，你要摘下来消毒，你认为毛主席有毒，不是反革命是什么？那还得了！最轻也要批斗，弄不好还得关进监狱。人们都说现在压力大，有我们当年压力大吗？说每句话都要格外小心。幸好我将这句话咽回去了，只加了一句"让他好好休息休息"。就这样领导还说我觉悟低，对毛主席没感情，没改造好，继续劳动吧！于是我又多干了两年。到了 1978 年，不用别人给我落实政策，我自己考回北京母校了，所以现在才有机会给大家讲课。

我每次回抚顺，看望当年一起下放在煤矿劳动的伙伴，酒桌上总有人对我感叹："当年咱们那些大学生，怎么就你往回考，我们怎么没想到呢？我们现在退休了，每月只有两三千块钱，你多好，大专家到处讲课，多风光！还是你有远见哪！"我说："不是我有远见，而是因为我最倒霉！如果我也像你们一样，坐在办公室里，一杯茶，一支烟，看看报，聊聊天，有的还当了科长，出来进去很神气，我肯定也和你们一样安于现状了。"

我还经常开玩笑说：人不要怕倒霉，我所有运气都离不开倒霉！每倒一次霉，总会带来点福气。这就是我领悟到的生活的辩证法。

总之，万事万物都在运动当中，都在发展变化当中，静止是相对的。潮起潮落，三十年河东，三十年河西，日月山河都在变，社会人心更在变。所以我们一定要与时俱进，跟上社会的变化，不要抱残守缺，墨守成规。当我们不顺利的时候，倒大霉的时候，就想一切都会变的，慢慢会好的，想想发展论，想想下边这些话，就会豁然开朗。请看屏幕：

> 否极泰来。
> 时来运转。
> 黎明前的黑暗。
> 车到山前必有路。
> 柳暗花明又一村。
> 没有永久的敌人。
> 没有不散的阴云。
> 逝者已矣，来者可追。
> 冬天到了，春天还会远吗？

从太极图中引申出的全面论、相对论、发展论的阴阳辩证思想就讨论到这里。

一分为二

20 世纪五六十年代，中国人民的伟大领袖毛泽东用"事物都是一分为二的"名言对辩证法做了精辟概括。

毛主席把辩证法，把对立统一规律运用得炉火纯青，用一分为二思想做出很多预言。

据传，有一次主席到了上海，跟当地干部聊天说：你们这里叫上海，应该还有个地方叫下海。大家说没有，只有上海，主席说肯定有，有上就有下，不是古时候有，就是小地方，你们不知道。后来一查，果然有个下海。你说这辩证法多厉害啊！

毛主席同一位物理学家讨论当代科学的最新进展，专家说国外发现了物质的最原始单位，因为不能再分了，所以叫基本粒子。主席说：错了！基本粒子不基本，物质无限可分。过了若干年，科学又发展了，真的发现基本粒子里还有成分。据说在一次国际会议上，物理学家们讨论，给这个新发现的粒子命名，有的科学家提议，应该叫毛粒子，很多学者赞成。你看这个辩证法，这个一分为二有多神啊！

当然，毛主席倡导的一分为二主要是一种斗争哲学，强调两个阶级、两条道路、两种主义的斗争。当时党内有位理论家、哲学家叫杨献珍，又给做了一个补充，说事物都是合二而一的，结果被认为是同毛主席唱反调，是搞阶级调和。在山雨欲来风满楼的"文化大革命"前夕，全国开展了一场声势浩大的学习"一分为二"批判"合二为一"的政治运动。其实两句话都不错，合起来则更加完整准确。事物既是一分为二的，又是合二为一的，这就是辩证法的核心——对立统一规律。

一根树杈，从下往上看是一分为二，从上往下看就是合二为一了。

一张纸有正面有反面，这是一分为二，正反面合起来才成为这张纸。

一个人有优点又有缺点是一分为二，合起来才是你这个人。你说一分为二，我只爱优点，你的身材容貌不错，小脸蛋儿挺好，优点嫁给我吧；你那个好吃懒做啊，爱发个小脾气啊，那我不要，一分为二，缺点留给你妈妈。这做不到，合二为一打包给你了。

经济上有公有制和私有制，这是一分为二；两种经济体制合二为一，取长补短，相互促进，才有利于经济的繁荣。

中国共产党倡导以人为本，构建和谐社会，这是非常英明的主张。前面讲过的无条件正面关注，是以人为本的操作层面，指的是无论对任何人都要从正面来看，即多看优点长处，多关注积极因素，无条件给予尊重。只有这样个人才有安全感，群体才有凝聚力。

古人云："尺有所短，寸有所长。"用其所长，都是人才；用其所短，全是蠢材。没有优点的人和没有缺点的人一样，都是不存在的，关键是要无条件地去发现。

老话说："好孩子是夸出来的。"心理学认为，表扬鼓励是塑造良好行为的重要强化刺激，指责训斥、打骂惩罚不利于儿童的健康成长。不但儿童，成人也需要并喜欢鼓励表扬，表扬鼓励是社会和谐的润滑剂。

人本心理学概括了人际关系的四种模式：一是我好，你不好(I am OK, You are not OK)；二是你好我不好(You are OK, I am not OK)；三是你不好我也不好(You are not OK, I am not OK)；四是我好你也好(I am OK, You are OK)。哪种关系最和谐？当然是悦纳自己、善待他人的第四种。最不和谐的是天下乌鸦一般黑、世上无好人的第三种。自卑媚外是第二种模式。在我国一度盛行的大字报、大批判则是第一种模式的登峰造极。正是这种不断的批评批判，搞得人人自卫、互有戒心，闹得个个灰头土脸、威信扫地。当群体中的每个人都瞪着乌鸡眼彼此挑毛病的时候，还侈谈什么增强团结和战斗力呢？有人会问，难道对缺点错误特别是腐败等不良现象也放任不管吗？当然不是！但解决腐败问题主要靠法律威慑、体制制约和媒体监督，而不是靠相互轻描淡写、不痛不痒的批评，或自我反省的所谓觉悟。笔者的意思并不是废除批评与自我批评，而是主张要以表扬鼓励为主，用积极因素克服消极因素。好比对付癌症，西医的办法是通过手术或化疗消除癌细胞；中医的策略是扶正祛邪，调动自身的免疫功能去战胜癌症。二者都可行，但哪种更可取呢？起码要二者相结合或用后者给前者以补充吧！有人问，你好我好的相互表扬不成了一团和气吗？我要答，一团和气有什么不好？和气生财嘛！何况干部也不都那么坏，领导也不容易，这么大国家好管吗？咱老百姓应该体谅。当然，官员更要体谅老百姓的疾苦。干部群众互相都能这样去看，这多和谐啊！

"一分为二"与"合二为一"是对阴阳辩证理论的高度概括和形象表述，既方便记忆又通俗易懂，十分有利于在广大群众和学生中普及辩证法思想。

我们在日常生活中，也要在一分为二的同时多看积极的方面，这样我们的烦恼就会少。比如，天热你说暖和，天冷你说凉快；人多热闹，人少清净；面对半瓶酒，不要"咳！就剩半瓶了。"而要"哇！还有半瓶啊！"

好多年前，一位美国教授给来自全国各地的学员讲课，由我的两个研究生轮流做翻译。我到教室的时候讲座已开始，便坐在下面听。课后我问她们俩翻译的自我感觉如何？第一位学生说："我开始感觉挺好，很有自信，反正听课的人也不懂，我怎么译都行。可后来您来了，我想他们不懂您懂啊！要是哪句译错了，下来您批评我怎么办？于是就有点慌，有点颠三倒四、语无伦次，一见您皱眉，我就担心这句没译对，所以后面翻译得就不那么流畅了。"第二位学生说："您知道我的听力和口语都不如她，开始特紧张，怕哪一句没听懂下不来台，所以让她先上。后来看您到了，心想有什么问题老师会帮我的，心里就踏实多了，所以今天翻译的感觉还不错。"

任何事都可以"一分为二"地看！老师既可以挑你的错，也可以帮你的忙。你往坏处想就会紧张，往好处想就会放松，前者导致失败，后者助你成功。你为什么不无条件积极关注，往好处想，往好处说呢？

中庸之道

世界上万事万物并非由阴和阳简单构成，阳中有阴，阴中有阳，阳和阴既一分为二，又合二为一。中国传统文化的中庸之道，其合理内核有助于克服非黑即白，把真理和谬误简单二分的思维方式。

一位年轻人举手发问：老师！ 和稀泥的中庸之道不是早就被批判了吗？ 您说不好中有好，好中有不好，难道我们可以不讲原则、

不分是非吗?

问得好! 万事万物并不是非黑即白, 在黑白两个极端之间是广阔的灰色地带, 即一系列由白到黑的过渡状态。世界上没有绝对的好事, 亦没有绝对的坏事; 没有无缺点的好人, 也没有无优点的坏人; 真理中有谬误成分, 谬论中有合理因素。

在各种事物中黑白或好坏对错的比例不同, 其主要成分也就是矛盾的主要方面决定了事物的性质, 所以是非不但应该而且是可以分清的。

在阶级斗争年代, 人们往往把中庸之道看成不偏不倚, 折中调和, 放弃原则, 取消斗争的处世态度, 予以全面否定并大加批判。

实际上, 作为儒家哲学的重要组成部分, 中庸之道在历史长河中对中国文化的发展有不可磨灭的贡献。孔老夫子甚至认为, 中庸是道德的最高境界: "中庸之为德也, 其至矣乎。"(《论语·庸也》)《礼记·中庸》中记载孔子的话说, "君子中庸, 小人反中庸。"

在以人为本, 构建和谐社会的今天, 提倡中庸之道, 尤其有现实意义。许多人的心理问题或困扰来自于看问题偏激, 爱走极端。

过犹不及, 真理超越一步便成谬误, 无论什么事都要适度。

一位大学生从小刻苦学习, 考上了名牌大学。面对如林才子, 他并无优势, 于是更加努力, 但因用功过度, 得了失眠症。我建议他多运动, 多出去玩, 他说那多浪费时间哪!

有位年轻人到我这来做咨询, 说经常有朋友借钱不还, 让他非常苦恼。我说你可以不借给他或找他要啊! 他说那人家不就骂我太小气了吗?

还有些青少年, 整天喊着要民主, 要自由, 不讲规矩, 不守纪律, 以自我为中心, 为所欲为。一定要让人们懂得, 世界上没有绝对的民主, 更没有绝对的自由! 你的自由不能妨碍别人的自由!

什么叫和谐? 和谐就是阴阳平衡! 为此就要讲一点儿中庸之道, 就要深刻领会下面一些话的含义，从而学会心理平衡。

>严格必须由宽容来平衡。
>
>勤奋需要适当休息来平衡。
>
>谦让必须要勇敢坚持自我来平衡。
>
>慷慨大方必须用敢于说"不"来平衡。
>
>信任没有必要的自我保护则易受伤。
>
>认真没有灵活性来平衡就会变成刻板。
>
>争取成功没有降低欲望来平衡就会痛苦
>
>积极向上没有理性平和的心态就会失败
>
>民主没有集中的整合就会成为洪水猛兽。
>
>自由没有法纪的约束就会变成一盘散沙。
>
>权利没有义务的制约会带来极大恶果。

两种心理

太极图中隐含了一分为二与合二为一的思想。凡事有利有弊，有得有失；利中有弊，弊中有利，得中有失，失中有得；利与弊、得与失是可以相互转化的。由此衍生出的辅助理论是酸葡萄与甜柠檬两种心理。

酸葡萄心理

伊索寓言中那只吃不到葡萄说葡萄酸的狐狸一直被作为反面教材，用于讽刺那些失败后不求进取而自得其乐的人。但在精神分析理论中却将这种酸葡萄心理看作一种既不积极也不消极的中性心理防御机制。实际上葡萄是一分为二的，既有甜的也有酸的。在无法吃到时，若假定葡萄是甜的，心理就会失衡而痛苦，若假定其为酸的，内心就会安然。

一个小伙子被女友甩了，对周围的人说，那个女孩好吃懒做、水性杨花，自己不要她了！有人嘲笑他"酸葡萄"，我却觉得他很会心理调节，比那些上吊跳楼或向对方动刀子、泼硫酸的失恋者，高明何止一百倍！当然他也可以继续追，或努力完善自己，但若仍不成功，来一点酸葡萄又有何妨？当然，若心理更健康一点，可与对方友好地说一声"再见！"

甜柠檬心理

经过努力还得不到的东西就说它不好，这是酸葡萄心理；而自己所有的东西摆脱不掉就说它好，则是甜柠檬心理。

"丑妻家中宝"是典型的甜柠檬心理，这是中国农民的智慧，你们年轻人对此可能不大理解。

一小伙子高声问：爱美之心人皆有之，媳妇不是越漂亮越好吗？丑媳妇怎么会是宝呢？

丑媳妇大多不怕苦、不怕累、不怕脏，干活是好手，生孩子更是一点不受影响，最主要的是安全，无论当兵、打工，或出国在外，几年不在家，媳妇丢不了！忠心耿耿地给你带孩子、伺候公婆，这还不是宝吗？艳丽的花更易招蜂引蝶，漂亮女人则难免受到各种诱惑，丈夫岂不缺乏安全感！

一位老板插话：受到美女或狐狸精诱惑，是不是只要想想"丑妻家中宝，水性杨花不可靠"，就会站稳立场，风吹浪打不动摇！

太对了！说明你在工作坊上有收获，学费没白交！估计你的夫人都会感谢我们。

一位领导接上来说：以后仕途不顺，再不会为"老陈科""老陈

处"苦恼，更不会发牢骚了。 想想"位高压力大，无官一身轻"，心理不就平衡了嘛！ 我马上面临退休，本来担心车水马龙变为门可罗雀，现在释然了。 退休后工作压力没有了，可以安度晚年，享受天伦之乐了！ 或在家中含饴弄孙，或陪太太游遍祖国大好河山，岂不快哉！

您在退休前还是要当好官，当清官，要有所作为，站好最后一班岗，不能当一天和尚撞一天钟！退休后想想那位中央领导"早退晚死"的对联，您就快乐似神仙了。

你们二位活学活用，既有酸葡萄又有甜柠檬，把两种心理结合得天衣无缝。我这里给你们点个赞！

人本心理学家马斯洛认为，心理健康即了解并接纳现实；泰勒认为，心理健康即正面错觉。而我认为，对现实的积极关注和正面认知才是心理健康的必要条件。说葡萄酸未必是错觉，因为它可能真的很酸；只要自己感觉好，说柠檬甜又有何妨。

这两种心理，看似消极的自我安慰，实际并非自欺欺人的精神胜利法，运用得当也不失为一种接受现实、取得内心平衡、避免精神崩溃的有效方法。

五句箴言

将一分为二的哲学观点与无条件积极关注的人本思想结合，我把太极三论概括为方便记忆并具有可操作性的三句口诀：全面论的口诀是"这方面不好那方面好"，相对论的口诀是"不好中有好"，发展论的口诀是"现在不好将来好"。

通常，我还用经过努力还得不到的东西就说它不好的"酸葡萄心理"，自己所有的东西摆脱不掉就说它好的"甜柠檬心理"，来对上述"三论"加以补充。将人极三论和两种心理组合起来，便构成阴阳辩证辅导精髓的五句箴言：

不好中有好。

这方面不好那方面好。

现在不好将来好。

争取不到的就说它不好。

摆脱不掉的就说它好。

大家看了这五句话有何感想？

一位大学生问：我家在农村，母亲身体不好，父亲不久前又骨折住院，生活十分困难，我的学费都成了大问题，打算退学回去养家了，您能说说这有什么好吗？

你的境遇的确令人同情。人们常说祸不单行，你们家真可谓是雪上加霜，让我想起了一句犹太谚语："如果断了一条腿，你就应该感谢上帝不曾折断你两条腿；如果断了两条腿，你就应该感谢上帝不曾折断你的脖子；如果断了脖子，那也就没什么好担忧的了。"我相信你们家的情况不是个别的，学校里也可能会有比你更困难的大学生。

但天无绝人之路，没有过不去的火焰山，一定要咬牙坚持住！现在农村应该有了医保，看病有困难政府不会不管，亲友乡邻也会相助，必要时还可以向社会募捐，或向慈善组织求助。你的学费可以通过贷款解决，或申请助学金，办法总会有的。将来努把力，获得奖学金也是有可能的。

至于说到好的方面，我想还真的不少。你的身体看起来不错；孝顺父母，有责任感，说明品德也很好；能从偏僻乡村、父母又无文化的家庭考到北京重点大学，说明你比大城市条件优越家庭的孩子更聪明；你在人生起点上比别人落后很多，但现在已经追入先进者的行列，这一定是你更努力更勤奋的结果。一棵贫瘠土壤上成长起来的野草，若无顽强的生命力，怎么可能与生长在良田沃土、备受呵护的家花齐头并进呢？

贫穷是你的财富，艰苦的生活磨炼了你的意志，使你更能吃苦耐劳，对挫折的承受力更强，这是你求职的优势。只要你渡过眼前的难关，熬到大学毕业，找到了工作，一切都会好起来。牛奶会有的，面包会有的，房子也会有的；媳妇会有的，孩子也会有的。到那时把父母接进城，让他们颐养天年，享受天伦之乐，不是更好地养家吗？

这位学生眼带泪花激动地说："谢谢老师！我听您的。"

祝你早日摆脱困境，将来事业大成，合家幸福！

参加本期工作坊的有许多今年考研的同学，刚刚知道结果，几家欢喜几家愁。请大家在屏幕上看看我同一位考研失败的年轻人的对话：

"老师，我考研落榜了，心里很烦，觉得前途无望。"

"难怪你无精打采、垂头丧气的。落榜了好啊！来，握握手，祝贺祝贺你！"

"老师！您怎么拿我开心哪？人家够难受的了！"

"不是拿你开心，考不上研究生真的很好，我是诚心诚意地祝贺你！"

"老师，这叫什么话，怎么考不上还好啊？"

"你去想，好好想，使劲想，一定有！这是对你智商和情商的考验。"

下面请落榜的同学讨论考不上研究生的好处。

场内沉默了一会，有人试探着说：考不上研究生就要工作，就把那个位子占了，等他们过三年再来就满编了，或遇到金融危机找不到工作了。

大家一听很有道理！于是纷纷起来补充。

这个说：一工作钱包就鼓起来了，读研究生太穷了。

那个说：不读研早工作，可减轻家庭负担，对父母尽孝心。

还有人说：早去工作单位，赶上末班车，最后一次分房，没准儿还会弄一套便宜的福利房。几年后他们毕业就快三十岁了，结婚买不起房了。

一个女同学说，考不上研究生找朋友好找，中国就这文化，什么都要男高女低，年龄、身高、学历、级别、收入等，男的高女的低，都觉得挺和谐，女的高男的低了，大家都觉得怪怪的，挺别扭。你说我不怕，我肯低就，可是男生不肯高攀哪！你自己爬到顶，就成孤家寡人了，高处不胜寒啊！还是适可而止吧，上下一大串，左右一大片，任你挑任你选，多好啊！

大家你一句我一句的，越讨论越开心，嘻嘻哈哈，头抬起来了，眉毛也舒展开来了。

可是那些考上的又开始皱眉头了，老师啊！您怎么不早点儿组织讨论啊？早知道这样我们也不考了！

别急！下面就该你们了，让他们休息，现在就请你们考取的同学讨论考上研究生有什么好处。

大家七嘴八舌，发言也很热烈，从长远发展角度分析了研究生毕业后的优势。

对考取的同学，我向你们表示祝贺！对落榜的同学，我同样向你们表示祝贺！成功的路不只一条！

这叫什么？无条件正面关注！多看积极的方面，考上看考上的好处，没考上看没考上的好处。当然你要再考我也全力支持，但是有的人就是考几年也可能考不上啊！那又何必浪费宝贵年华呢？想想考不上也有好处不就心安理得了吗？

一位教育部门领导插话：现在一些年轻教师感到压力大，产生职业倦怠，不想干了，要跳槽，您能给点建议吗？

双向选择，人才自由流动，这是社会进步的表现，过去有户口和档案限制，想跳也跳不了！所以我们绝不要阻拦。俗话说，树挪死，人挪活。老在一个地方、一个岗位干一辈子，也会觉得没意思。世界那么大，年轻人想到处看看，没什么不好。

但是你也要看到，各行各业都有压力，有些行业可能比教师职业压力更大；而且现在工作也没那么好找，何况到了新单位，业务不熟，又缺人脉，短期难以适应，岂不更难受！

倘若跳槽不成或无处可跳，那怎么办呢？此时不妨想一想当教师有什么好处，下面看看在座的各位谁能发现教师的优势。

一位女校长说：教师工作很稳定；收入也不低；桃李满天下，还有寒暑假！许多人羡慕我们当老师的。我们中小学校和幼儿园女教师多，很多人嫁给了收入很高的白领，近年来甚至不少未婚"海归"专门找女教师做朋友。他们说自己工作太忙，女老师性格温柔，有

耐心，又会教育孩子，可减轻自己的负担。

哇！这么多好处！若老师们都经常这么想、这么说，不就都和您一样成为幸福的老师了吗？

古希腊哲学家苏格拉底有句名言："真正带给我们快乐的是智慧，而不是知识。"

何谓智慧？智慧就是辩证的世界观和方法论！五句箴言就是我积几十年人生经验悟出的人生智慧，对调整心态屡试不爽，非常管用。

通常，我在给人做心理疏导时，首先要求来访者联系实际，分析解读个人经历和生活事件，并注意观察周边人和事，或从报纸、杂志、电视、网络等媒体上搜集资料，验证太极阴阳理论。当来访者真正理解、相信并熟记了五句箴言后，再引导他随时随地结合日常生活反复练习，逐步学会辩证的思维方式，养成辩证的思维习惯。进而让来访者自觉主动地运用所学方法帮助周边人摆脱心理困扰，不但使自己掌握得更牢固，还能增加个人成就感和幸福感。每当来访者的看法符合太极三论时便给予鼓励赞赏，及时强化其正向思维。

调节情绪，方法多多，运用之妙，存乎一心，请大家活学活用。讲了这么多，概括起来一句话：阴阳辩证，内心和谐。

名人警句

为了让大家加深对阴阳辩证辅导理论与方法的理解，下面列举一些古今中外的名人名言，供各位参考。我在给人做心理辅导时，也经常用这些名言启发鼓励当事人。

先看外国的：

人生是一串无数大大小小的烦恼组成的念珠，乐观的人总是笑着

捻完这串念珠。 （法国作家大仲马）

世界上的事情永远不是绝对的，结果完全因人而异。 苦难对于天才是一块垫脚石，对于能干的人是笔财富，对于弱者是一个万丈深渊。 （法国作家巴尔扎克）

奇迹多是在厄运中出现的。 （英国哲学家培根）

这是最好的时代，也是最坏的时代；这是智慧的时代，也是愚蠢的时代；这是信仰的时期，也是怀疑的时期；这是光明的季节，也是黑暗的季节；这是希望之春，也是绝望之冬；我们可能拥有一切，也可能一无所有；我们正走向天堂，也正走下地狱……（英国作家狄更斯）

一切的和谐与平衡，健康与健美，成功与幸福，都是由乐观与希望的向上心理产生与造成的。 （美国首任总统乔治·华盛顿）

感谢上帝，因为：第一，贼偷去的是我的东西，而没有伤害我的生命；第二，贼只偷去我部分东西，而不是全部；第三，最值得庆幸的是，做贼的是他，而不是我。 （美国第 32 任总统富兰克林·罗斯福）

一扇幸福之门对你关闭的同时，另一扇幸福之门却在你面前打开了。 （美国盲聋哑女作家海伦·凯勒）

人生在世，难免经历种种苦难。 经历得愈多，你就愈有智慧，心灵愈成熟。 （美国催眠大师伊丽莎白·库伯勒·罗斯）

悲观的人常常认为造成挫折或失败的原因是永久的、普遍的，而且全是自己的错。 相反，乐观的人具有坚韧性，他们把自己所面临的挫折看成是特定的、暂时性的，是别人行为的结果。 （美国积极心理学家塞利格曼）

下面再看中国的，更加言简意赅：

彼亦一是非，此亦一是非。　（《庄子·齐物论》）

水至清则无鱼，人至察则无徒。　（《汉书·东方朔传》）

荣宠旁边辱等待，不必扬扬；困穷背后福跟随，何须戚戚。

（《菜根谭》）

能受天磨真铁汉，不遭人嫉是庸才。　（左宗棠）

片面的人生观得不到幸福。　（傅雷）

知足知不足，有为有不为。　（冰心）

当你摔倒时看看有无东西可拣。　（李敖）

最后一句很有趣！李敖先生说，这是他的好友的老父亲说的。你看这位老先生多懂辩证法，摔个跟头说不定会捡个金元宝，捡个金戒指也好啊！

今天上午的工作坊就到这里，我们下午见！

咨询案例

掌握了阴阳辩证的理论和方法，不但可以解决自己的问题，更可以用于心理咨询，辅导他人解决各种心理问题。

心理咨询是听和问的艺术。在我们讲心堂，无论个别辅导还是团体辅导，通常都用下面的"太极三问"引导当事人深入思考，走出误区，做到阴阳辩证，内心和谐。

当一个人对自己不满时就问他：全面看你的优点和优势是什么？相对看你的缺点有无可取之处？发展看你的劣势如何改变？

当来访者对别人不满时就问：全面看他有无优点及对你好的地方？相对看他的缺点有无可爱之处？发展看他是否也会改变？

当他对事情或环境不满时则问：全面看是否有例外和其他可能？相对看塞

翁失马焉知非福? 发展看冬天到了春天还会远吗?

当然我们在日常生活中遇到上述情况, 也可以自问自答。

下面详细介绍一个我心理咨询的案例, 供大家参考。

十多年前, 一位女同志来电话说给妹妹预约心理咨询。周末上午, 一位老年妇女准时来到我的咨询室, 下面是我们的谈话实录(W 是我, T 是她), 下面请场内这位年龄最大的女士扮演来访者, 请坐在前面的这位先生代替我, 边看屏幕边做演示:

W: 您好! 请坐。 请问您是打电话的姐姐还是来咨询的妹妹?

T: (沉默了一会儿)不好意思, 是我本人打的电话, 是要解决自己的问题。

W: 没关系! 谁来都欢迎! 那您来咨询点什么问题呢?

T: (还没开口, 眼中已流泪)

W: (递过一张纸巾)看来您很痛苦。 多大年纪了? 做什么工作?

T: (擦擦眼泪)五十八岁了, 在一个农业科研部门工作。

W: 遇到了什么麻烦?

T: 您能替我保密吗?

W: 这是我们的职业道德。

T: 那我从头说起吧。

W: (递过一杯水)好! 您喝口水, 慢慢说。

T: 我出生在南方一个城市的书香世家, 年轻时也还算漂亮。 在北京读大学期间, 几个长得帅, 家境也比较好的同学追我, 我都没动心。 一个来自北方农村的男生, 比我大四岁, 家里很穷, 长相也一般, 但人很朴实, 又能吃苦。 那时大学生经常下乡劳动, 我们学农的下乡更多。 他是班干部, 无论在劳动时还是在平时生活上, 都给我很多关照。我觉得他忠厚可靠，临毕业时接受了他的求婚。我们都分配在北京工作，婚后感情很好。他每月要给老家寄钱，我们自己也有两个孩子，生活虽然不宽裕，但从未因经济问题发生矛盾。"文化大革命"中我们被下放到外地农村接受贫下中农再教育，同甘共苦，感情更好了。我一直觉得这辈子选择他是正确的，那么多年的苦我们都熬过来了。"文化大革命"后落实政策，我们又回到北京，成为研究员，他又是领导，又是博导，收入也比过去高多了。

W：你们的困难终于过去了。

T：本以为苦尽甘来，从此可以相濡以沫，安度晚年了。可没想到，临到老了，他却背叛了我！

W：出了什么事？

T：他有外遇了！

W：是你的怀疑，还是有真凭实据，确有其事？

T：开始有朋友婉转提醒我，我还不相信，以为是开玩笑，觉得我先生是个老实人，不会犯这种错误。从去年起，一个新考来的博士生给他当助手，女孩才二十几岁，聪明能干，人很开朗，经常到家来，"阿姨""阿姨"的，叫得很甜，有时还帮我干点家务活。我也很喜欢她，因为只有俩儿子，就把她当女儿看待。

W：那不是很好嘛，怎么会有问题呢？

T：可最近我发现丈夫越来越不对劲！经常以实验加班为借口很晚回来，有时甚至夜不归宿，还有几次单独带那个女孩去外地调研。一次他出差回来，我见他神色不自然，终于忍不住了，严肃地问他这次带谁出的差，你和那个女孩到底有事没有？起初他还否认，说什么事也没有，让我别多心。可他的眼睛却不敢看我，脸也红了。经我一再厉声追问，没想到，他还真承认了，求我原谅他。

W：这种事谁也难以原谅。

T：是啊！ 我当时就跟他大吵起来，这是我们婚后几十年第一次吵架。 我提出离婚他不同意，我说不离婚可以，但从明天起，你必须同她彻底分开，一刀两断！

W：要求完全合理，一点儿都不过分！ 他怎么回答？

T：他说绝对不离婚，但又不能同女孩分手。

W：为什么？

T：他说分不开。 第一，女孩是学生，毕业前没法调离；第二，她业务好，能力强，其他学生都不如她用起来顺手。 我问他到底如何了结？ 他说自己也不知道，只能请我原谅。

W：那你有何想法，打算怎么办？

T：我整个人都要崩溃了，还能有什么办法！ 所以来请教您，您看我到底跟他离还是不离？ 请您帮我拿个主意。

好了！案例先演示到这里，下面请大家设身处地地试想一下，如果她问的是你，你会怎么做？

一位年轻女同志心直口快地说：跟他离！ 这还犹豫什么？ 你好歹也是个学者，经济完全能独立，孩子也大了，离开他又不是活不了。 赶紧离！ 立刻离！

一位中年妇女说：还是先找领导、同事或亲友帮忙，劝他改邪归正，或警告那个女孩，让她不要破坏别人家庭，实在不行再把他扫地出门。

一位老同志说：都这么大年龄了，忍一忍，凑合着过吧！

马上有人高声反驳：这种事还能凑合？ 没法忍！

看来各位意见很不一致，这反映了不同的婚姻观。下面请大家继续看屏幕并做演示：

W：谢谢您对我的信任！ 这种事谁摊上了都会痛苦，都会发懵。 你跟领导、同事和亲友谈了吗？

T：家丑不外扬！ 这种事我能跟人说吗？ 连儿子我都没告诉。

W：找那个女孩谈了吗？

T：从我和先生吵过后，她再没到我家来过。 我又不便去所里找她，怕闹得满城风雨，影响不好，她一个学生也承受不了。

W：您不但爱面子，心肠还很好。 那您那就这样忍啦？

T：可我咽不下这口气呀！ 只能在没人的地方哭，把眼泪往肚子里流。

W：您是否考虑过暂时分居或离婚？

T：可他不干！

W：他是过错方，如果你坚持离，法院会同意的，而且会多分一些财产给你，弥补你的精神损失。

T：财产我倒不计较，主要是丢不起人！ 我们家祖祖辈辈也没有一个离婚的。

W：看来无论离还是不离都让您很纠结。

T：说的是啊！ 所以才请您给拿个主意。

W：我也不知道该怎么办。 要不这样吧！ 请你认真想一想，如果离婚你会怎样，他会怎样？ 如果不离，你会怎样，他又会怎样？

T：哪个我都不敢想，想不下去。

W：那好，我来帮你想。 请闭上眼睛，做几下深呼吸。 然后仔细想，从现在一直想到你们百年之后。 先想离婚，从将问题公开，打官司分家想起，你是何种心情，他会如何反应，你的两个儿子会怎样，周围亲友同事又会持何种态度？

T：我肯定会很痛苦，把自己关在家里，从此没脸见人了，只好离群索居，一个人度过后半生。 他的日子也不会好过，那女孩未必肯嫁给他，儿子也会埋怨他，疏远他，六十多岁了，万一得了病，孤家寡人，一定很可怜。 大儿子其实早有察觉，只是不说破，怕我难受，好在他已成家单过，对他不会有太大影响；让我不放心的是小儿子，他正准备结婚，这种家丑让对象知道了，会不会嫌我们家家风不正，跟他吹了啊？ 好事不出门，坏事传千里，这种事还不闹得满城风雨，当然多数人会同情我，骂他没良心，还会跑来安慰我，劝我想开点，可我不愿见他们，更不想听，只想躲得远远的，一个人清静，弄不好我连朋友都失去了。

W：是挺可怜，挺凄凉的。 那我们再想想不离婚，继续过下去，你会怎样，他会怎样，其他人会怎样？ 还是从现在想到将来。

T：这当然是他希望的，他会继续同那个女孩出双入对，不知鬼混到什么时候。 我会继续痛苦，只要他俩不分手，我们的日子就没法过！ 我会整天以泪洗面，会同他一直冷战下去，我的后半生就算完了。 两个儿子迟早会知道他爸的丑事，同事亲友也免不了背地里闲言碎语。 哎，我都不敢再往下想了。

W：如此看来真的是两难！

T：（沉默）

W：请再做几下深呼吸。

T：（连续深呼吸）

W：好！ 请睁开眼睛。

T：（睁眼，擦泪）

W：喝杯水，休息一会儿。

T：（喝水）

W：感觉好点吗？

T：这是我第一次跟人谈这件事，心里不那么堵得慌了。

W：那就好。 下次能带你先生来一块谈谈吗？

T：他根本不会来！ 而且我来咨询他也不知道，回去也不会跟他说。

W：那我们今天先谈到这儿。 很抱歉没能给您拿个主意。 这样吧，你回家后，没事的时候就按我今天教的方法，反复想。 也可以同信得过的亲友聊聊，听听他们的意见，或请他们劝劝你丈夫。 当然最好是他良心发现，跟女孩分手，否则哪个结果都不理想。 我们只能退而求其次，寻找一条损失稍微小一点儿，痛苦稍微小一点儿的路。 等下次来的时候，再把你想的感受和结果告诉我，好吗？ 我们可以说再见了吧！

T：谢谢教授！ 再见！

以上是根据第一次谈话录音整理的对话，一周后，她又按约定时间来到咨询室，屏幕上是第二次谈话记录，我们再请一位女士和一位先生来做角色扮演。

T：教授好！

W：您好！ 请坐！ 这几天感受如何？

T：我按您说的方法反复想，越想脑子越乱，这几天都没睡好。

W：征求过亲友意见吗？

T：这种丢人现眼的事我哪好意思对别人说。

W：也是，这种事别人还真的很难帮上忙，大主意还得您自己拿。 那您想出点眉目了吗？

T：想来想去，就是下不了离婚的决心。 一想到离婚对孩子的影响和亲友同事的议论，我就毛骨悚然，浑身发冷。

W：那您还是倾向于不离了？

T：我真的不想离，想维持一段再说。可不离又很痛苦，前两天女孩还给他电话，他接完电话就出去了，我只能在家生闷气。

W：晚上回来没有，又是夜不归宿吗？

T：自那次吵架后，他收敛了许多，平时再没夜不归宿过，可他还是偷偷带那个女孩出过一次差。

W：不好意思，能问一点您的个人隐私吗？你们的夫妻生活还好吧？

T：早都没有了！都这么大年纪了，何况几年前我还得过妇科病，做了子宫切除手术。

W：你先生身体如何？

T：他从小在家干农活，在学校期间又很注意锻炼身体，每天早起跑步，现在也经常下实验田指导工作，身体很好，虽然比我大四岁，但别人都说他比我年轻。

W：难怪好朋友提醒你小心丈夫出轨了。你觉得他还有这方面的要求吗？

T：前几年还有，可我手术后，越来越冷淡，他慢慢地也就没兴趣了。

W：您觉得他的婚外情与此有没有关系？

T：也许有吧。

W：那个女孩有男朋友吗？

T：好像没有。

W：女孩漂亮吗？

T：长相一般，不是很漂亮，只是嘴巴甜，讲话声音好听。

W：你见过他俩在一起的场景吗？

T：我们吵架前，女孩经常到我家来，现在不来了。

W：能说说他俩在一起时是什么样子吗？

T：女孩一口一个"老师""老师"的，入学的时候就说对我先生很崇拜，是慕名而来。她每次来我家，我先生都很高兴，连眼神都比平时有光，俩人有说有笑，十分投缘。

W：他们都聊些什么？

T：主要是工作和科研方面的问题，有时我会和他们一起讨论。这个学生也来自农村，他俩有共同语言，有时聊些农村的趣事，我就插不上嘴了。

W：他俩去外地出差的情况你了解吗？

T：在我们吵架之前，先生去外地开会、调研或谈合作项目，大多由这个女孩以助手的身份跟随。每次出差回来，他都很兴奋，滔滔不绝地对我讲收获如何大，夸这个学生如何能干，说女孩心细，把一切都安排得妥妥帖帖，自己很省心，不像以前的助手，好多事要自己亲力亲为才放心。他现在精力越来越旺盛，连身体都比以前更好了，难怪亲友同事说他越活越年轻。

W：女孩在专业方面水平如何？她来后对你先生的研究工作是有帮助、有促进，还是有影响、有干扰？

T：女孩文化基础并不好，可人聪明，学什么都很快，专业水平虽然不是几个学生中最高的，但她动手能力和人际交往能力比较强。平心而论，无论在科研方面还是应用服务方面，对我先生确实有不少帮助。自从她来到研究室，我先生的研究课题和发表文章数量均有所增加，有的文章还是他俩联合署名。我开始还为先生招了一个好学生当助手感到高兴，谁知道后来会出这种事！

W：你有没有要求先生换一个助手？

T：上次吵架后我就提出，不离婚可以，但你必须与她分手，不能再和她在一起！先生说没有合适的，真是离不开她。

W: 你们是同专业出身，你不是也可以给他做助手吗？

T: 我都退休三年了，现代科技发展很快，好多新东西我都不懂。再说我这么大年纪了，怎么能整天给他打字、拎包、订机票，更不能陪他下实验田。不过他也六十多了，血压有点高，经常外出，身边确实需要有个人照顾，否则我也不放心。

W: 他俩现在还经常在一起吗？

T: 比过去少多了，但我听人说，他偶尔还带那个女孩去外地出差。

W: 女孩那么年轻，和你先生好是贪图金钱吗？你有没有发现先生近年来在经济上的变化或大笔支出？

T: 那倒没有，从我们结婚起他的工资都如数交给我。近些年，他经常外出讲课，报酬有多有少，我从来不问，是否都交给我就不清楚了。女孩家生活较为困难，除了兼职做助手会有报酬外，我猜先生还是会额外给她些补助。但我先生从小穷惯了，从不乱花钱，别人都说他小气抠门，我想他不会给女孩太多钱（说完自己笑了），女孩不过是想靠着他这棵大树在专业上有所发展。现在有些女孩不知怎么会这么不自重，为了达到个人目的可以不择手段，竟然把失身不当回事！以前听到社会上这种传闻我还不大相信。

W: 你觉得你先生和这个女孩是不是十恶不赦的坏人？

T: 那倒不是，他要是个坏人我也不会嫁给他！除了这件事，别的方面还真没什么大毛病，以前大家都说我们是模范夫妻。那个女孩其他方面也还好，要不是这件事，我本来挺喜欢她的，一个农村孩子能读到博士挺不容易的。凭良心说，他俩本质都不坏。

W: 你能说说先生在别的方面还有什么优点吗？

T: 工作认真负责，吃苦耐劳，生活艰苦朴素，对同事亲友都不错，对学生也很关心，人也还算老实，这件事他要死不承认我也没办法。

W：他现在对你怎样，与过去比有什么变化？

T：可能是他内心有愧吧，现在对我比以前更关心了，整天讨好我。每次出差在外都会打电话问寒问暖，回来还给我带礼物；去年我过生日，他还破天荒第一次送花给我，以前他可舍不得花这种钱。我身体不舒服，他会照顾我或陪我去医院；我生气不理他，他也会说几句好话哄我。他本来脾气就好，现在更不敢惹我了（自己又笑）！

W：女孩有没有逼你丈夫离婚娶她，你丈夫有没有过离婚念头？

T：那倒没有。他一再表示珍惜我们几十年的感情，绝不会离婚！

W：可他又不同女孩分手，这样说是不是有点虚情假意呢？

T：我想他是真的不想和我离婚，否则我也不会忍他这么久。

W：那你觉得他俩的结局会怎样呢？能一直保持这种暧昧关系吗？

T：我想不至于。再过三年他退休了，女孩也该毕业找工作了，可能他俩就会分手吧。因为女孩迟早要结婚，他也总有跑不动、总有力不从心的时候，我就不信那个女孩会永远跟他这个老头子好！（又笑）

W：你的意思是说，你先生总有一天会浪子回头，回到你们温馨家庭这个精神港湾里！

T：我想是吧！

W：到那时他又会对你怎样呢？

T：那一定是对我更好了，他要赎罪，弥补对我的精神损伤。

W：到那时你会原谅他的过错吗？

T：不原谅又能怎样？谁还能一辈子不犯错误呢！

W: 看来您对自己的问题已经找到答案, 不用我替您拿主意了吧!

T: 同您聊到现在, 我觉得心里轻松多了, 我还是回去跟他凑合着过吧! 谢谢您, 教授!

W: 好, 再见! 有事还可再来。

第二次咨询演示完了, 不知大家看后感觉如何?

场内热烈鼓掌, 一片叫好声。

我当时也感觉这两次咨询很成功, 她的问题解决了。可没想到, 几周后她又打电话来约面谈, 屏幕上是第三次谈话记录, 再请两位同志来角色扮演。

T: 教授好!

W: 你好! 请坐! 怎么样, 一个多月了, 有什么新情况吗?

T: 上次跟您谈完, 心情确实好了许多, 心想睁一只眼闭一只眼, 随他去吧! 可最近又不行了, 心里老是惶惶然, 这几天都没睡好。

W: 是啊! 冰冻三尺非一日之寒, 化解冰冻同样需要时间, 这么大的打击和创伤很难一下子彻底平复。能说说最近发生了什么事吗?

T: 也许是他看我情绪稳定了, 俩人又开始偷偷来往。有一天他晚饭后出去散步, 书房电话铃响, 我刚拿起话筒说"你好", 对方就挂断了。从那以后, 我一看他接电话心就怦怦跳, 老觉得是那个女孩打来的, 他一出差我就担心他俩会不会又在一起, 一天老是疑神疑鬼, 我是不是得了强迫症啊?

W：您这可算不上强迫症，必要的警觉还是应该的。你偷听过他电话或跟踪过他吗？

T：有过这种想法，但从来没做过，自己好歹也是个知识分子，不能做那种龌龊事。可我就是心里老发慌，老是心神不宁。

W：我能理解你的心情。这样吧，请你闭上眼睛，听我说，我说到哪儿你就想到哪儿。

T：（闭眼）

W：一天晚上，你正在客厅看一部有关婚外情的电视剧，听到电话铃响，你先生在洗手间，你过去拿起话筒，刚说了句："喂！您是哪位？"电话就断了。先生上完厕所出来问："谁来的电话？"你说："不知道！对方没说话就挂了。"先生神色有点不自然，回到书房就开始低声打电话。你把电视声音调低，还是听不清他在说什么，你很想到他书房门口偷听，又觉得那样不好，内心十分纠结。你的心跳变快了，呼吸急促了，脸也有点发烧，电视里演的什么也看不清了。

T：（脸发红，胸部起伏加剧）

W：看来您有点紧张，有点不舒服。请做几下深呼吸。用力地深深地吸一口气，吸满，下沉，把腹部膨胀起来，再慢慢地均匀地吐气，要慢、要匀、吐长气。再深深地吸气，再慢慢地吐气，吸气，吐气，吸气，吐气。感觉好些吗？

T：（心慌气短症状消失）好些了。

W：你心里想，也许是所里某个同事打来的，谈工作上的问题；就真是那个女孩也没什么了不起的，不过就是打个电话而已，不要自寻烦恼，还是回来看我的电视吧！干脆换个频道，不看那些乌七八糟的婚外恋了！

T：（点头微笑）

W：你就像什么也没发生，继续看电视。 他打完电话出来说明天要出差，你虽然有些不高兴，但既没有盘问他，更没跟他吵。 当晚相安无事，但夜里还是翻来覆去睡不着，老想他会带谁出差。

T：（眉头皱起，面色有些凝重）

W：第二天你忍不住给所里办公室打电话询问，得知他又带那个学生去实验基地了。 你一整天心烦意乱，坐卧不安，坐下、起来，出去、进来，闹心得很！

T：（面部肌肉轻微抽动，胸部起伏再次加剧）

W：看来您又紧张了，请再做几次深呼吸，腹式呼吸，吸气，吐气，吸气，吐气，吸气，吐气。

T：（面色渐渐恢复正常，呼吸变得均匀）

W：你对自己说，他也是为了工作，我不该胡思乱想。 我还是出去逛逛街、散散步吧！ 你来到好久没去的公园，天空晴朗，飘着几朵白云，公园里人不多，草木茂盛，鸟语花香，亭台楼阁，小桥流水，野鸭天鹅，你吸了几口新鲜空气，心情顿时好了起来，不由自主地哼起了在大学时最喜欢唱的苏联歌曲《莫斯科郊外的晚上》："深夜花园里，四周静悄悄……"

T：（嘴唇微动，轻轻哼唱，有些陶醉）

W：（沉默等待一会儿）好啦！ 现在我从5倒数到1，当我数到1的时候请你睁开眼睛。 好，5—4—3—2—1。

T：（睁眼）

W：怎么样，感觉如何？

T：很好，很舒服！

W：以后你再遇到焦虑不安、心里烦躁的时候，就可以用这种方法来缓解。

T：好，我一定做。 除了这些还有别的方法吗？

W：你性格内向，又爱面子，有话不愿对别人说，可以写写日记或随笔，抒发宣泄自己的感情；还可以通过做家务、听音乐、打太极、唱歌跳舞、逛街购物、外出旅游、学书法绘画、养花鸟虫鱼等活动来转移注意力；也可以到外面找个兼职发挥余热，或到社会上做个义工志愿者，既能转移注意力，又能使自己的生活更充实，更有意义。总之不要整天待在家里自寻烦恼。还可看看专业书，小说也行，看电视最好多看新闻频道和科教频道，使自己不脱离社会，不被飞速发展的科技落得太远，少看那些悲悲切切、无病呻吟的小说、电影和电视剧，哪怕看看能逗你一乐的娱乐节目也好。

T：我不喜欢娱乐节目，觉得很无聊！

W：那您看什么节目或在什么情况下会觉得心情好一些呢？

T：我年轻时喜欢看电影，看话剧、歌剧，退休后喜欢看电视里的历史剧，还喜欢听古典音乐，这时我就不再想那些烦心事了。

W：好啊！以后心情不好时不妨去看看喜欢的电影、电视，听听喜欢的音乐。

T：好。

W：假如你现在彻底走出了这场危机，彻底摆脱了烦恼，你会是什么样子，每天会做些什么呢？

T：那我就会每天高高兴兴，除了在家做饭、洗衣、打扫卫生，也可能像您方才说的，到外面找个兼职或当个顾问，让自己的晚年活得更充实更有意义。

W：很好！其实你现在就可以这样做啊！我相信你这样坚持一段时间，一定能彻底摆脱烦恼，从痛苦中走出来。

T：但愿如此吧！我就怕自己走不出来会做什么傻事。

W：暂时走不出来也没关系，最坏也不过如此吗！千万不能干傻事。实在不行还可以跟他离婚，你自己又不是生存不了，说不定会比他活得更好。现在是21世纪了，人们的婚姻观都在变，咱们也要与时俱进，不要把离婚看成多么丢人的事。

T：那倒是。

W：以后你还可以帮两个儿子带带孩子，享受天伦之乐。总之，您要多往好处想，多说积极的话，千万不要整天唉声叹气，觉得这辈子算完了，也不要把注意力完全放在先生身上，还是要多保重自己，健康最重要！自己身体垮了，就什么都没了。我想您一定记得毛主席的两句诗："牢骚太盛防肠断，风物长宜放眼量。"将来一切都会好起来！

T：每跟您聊一次，我心情都会好许多。我一定按您说的去做，相信我会走出来。谢谢您，教授！再见！

W：祝您健康快乐，合家幸福！再见！

第三次咨询谈话也演示完了。此后，该女士没有再来。四年后，她再次打电话给我，介绍一位朋友前来咨询，同时讲了自己近几年的情况。

她咨询回去不久，在郊区的一个农业推广站当了顾问，经常往乡下跑，忙忙碌碌，身体比以前好多了，也不失眠了，连说话声音都比以前洪亮。她在电话中笑声朗朗，一再向我表示感谢。我问她先生和那个女孩后来怎样了？她说一年多前，女孩毕业回家乡省会工作，听说已结婚；自己先生也已退休，虽然兼职做顾问，但很少外出。现在夫妇已和好如初，先生对她体贴入微，不但分担了很多家务，两人还每天一起散步，并经常去各地和国外旅游；大儿子有了女儿，小儿子也已结婚，每个周末全家会聚会一次。

看起来这是个大团圆的结局。

一位心理咨询师起立说：老师，您在这个案例中将阴阳辩证辅导运用得非常巧妙，很自然，很流畅。您不仅将人本疗法、行为疗法、认知疗法与阴阳辩证疗法有机结合起来，还运用了后现代积极心理学的焦点解决技术，让我收获多多，谢谢老师！

看来你是科班出身，讲话很专业，咱们是同行吧？欢迎批评指教，有机会多多切磋！

　　一位多年从事思想政治工作的领导深有感触地说：从教授这个咨询案例中我懂得了什么叫循循善诱。不但这个案例让我受益匪浅，就是您这种工作坊的授课方式对我们改善思想政治工作，促进思想政治工作科学化都很有启发，我们再也不能像过去那样空洞说教、生硬灌输、强加于人了。

　　一位妇联干部高声说：教授！对这个案例我有不同看法，我觉得这纯粹是您有意诱导的结果。对这种吃着碗里看着锅里的无耻男人，绝不能迁就姑息、退让妥协，就得跟他离！

坚持离婚是您的选择，而且我相信，在这种情况下很多女同志会做出和您一样的选择。事实上我后来遇到过一个类似案例，我采用同样方法，结果却完全不同。那是一位女教授，她与丈夫早年是留苏同学，也是为丈夫出轨自己是否离婚来我这咨询，我也是让她想象离与不离可能的后果，她经过一番纠结，最后选择了离婚。因为她的家庭背景和成长经历，使她认为背叛是不能容忍的，她不认为离婚是一件多么丢人的大事。而前一位女士却把离婚看成是很丢人的事。她们都做出了符合自己婚姻观、价值观的选择。这里没有对错之分，鞋穿在自己脚上，只要自己舒服就好。

　　对方才的案例大家可能仁者见仁，智者见智，我们不强求统一。下面休息一刻钟，有兴趣的同志不妨利用休息时间继续讨论。

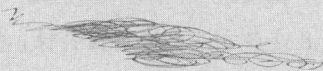

讨论与答疑

本期讲心堂阳光心态工作坊，进入最后时段——讨论与答疑。

前面只有一部分同志发了言，剩下的时间我希望更多人参与互动，大家都来讲讲。可以谈感想体会，也可以介绍方法，与大家分享你应对压力、调节情绪的经验，更欢迎提出问题或发表不同意见，大家研讨交流。好啦，下面就把时间交给大家，那位有话要说，请举手示意！

好，这位先说，让我们掌声鼓励！

一位老板：常言说，听君一席话，胜读十年书。我听老师几堂课，胜读百年书，真是获益匪浅，收获多多，特别是学到了许多调节情绪的方法，而且这些方法具有可操作性，都很实用，以后遇到压力和烦恼，知道该怎么办了。

一位领导：我最大的收获不是学了多少方法和技巧，有些方法像倾诉啊，转移注意力等，我以前也用过，但就像老师说的"治标不治本"，现在懂得了，应对压力、调节情绪最根本的是世界观、人生观问题，最重要的是掌握辩证法，有了阴阳辩证思想，什么烦恼都能摆脱！

说得好！前面我讲过苏格拉底的名言：真正带给我们快乐的是智慧，而不是知识。什么是智慧？智慧就是世界观和方法论，智慧就是辩证法！把知识看成绝对真理，知识越多越痛苦。应对压力的治本之策是学会积极正向的思维方式，养成辩证的思维习惯。心理健康与否，最终涉及的是哲学问题。

谢谢两位的鼓励和分享，还有哪位发言？

一位小伙子举着手机说：老师！我在网上看到一首顺口溜，觉得很有意思，念给您听听：

生活越来越好，幸福越来越少。

收入越来越高，存款越来越少。

交际越来越多，友情越来越少。

娱乐越来越多，快乐越来越少。

消遣越来越多，放松越来越少。

消费越来越高，满意越来越少。

房子越住越宽，心胸越来越小。

学习越来越多，收获越来越少。

究竟什么原因，似乎心态坏了！

老师，您能说说这是怎么回事吗？

网上列举的这些现象有一定的普遍性。国际调查的数据表明，在 20 世纪 80 年代末，中国国民幸福指数（GNP，Gross National Happiness）只有 64％，1991 年提升到 73％，但 1996 年却又下跌到 68％。这说明国民的幸福指数并不随着物质生活的改善而不断提高，生活好了，心态却可能变坏。

我们在工作坊开始时曾讲过，随着科技进步，现代社会变化太快，竞争压力越来越大，加之人们面临的选择太多，欲望越来越高，难免心浮气躁，无所适从，于是就会产生各种内心矛盾和心理纠结，所以中央才反复强调要加强心理疏导，培育理性平和积极向上的社会心态。

一位中年人：老师！ 我平时心情不好了就抽烟喝酒，要不就拿老婆孩子出气，我觉得也管点儿用。

抽烟实际上有深呼吸的作用，在一定程度上能暂时缓解郁闷和焦虑。但烟里有尼古丁，经常吸烟肯定有害健康，不但会咳嗽、痰多，而且容易得肺癌，再说也不讨太太喜欢，所以希望你还是把烟戒了，可以嚼嚼口香糖，或采用看书、运动等更积极的方法。

适当喝点酒是可以的，但要注意几点：第一别喝太多，喝多了酒精中毒，把肝喝坏了；第二别喝闷酒，关起门自己喝闷酒，不但容易醉，而且借酒浇愁愁更愁，对身体伤害大；第三别酒后驾驶，罚款扣分事小，事故伤人事大。只要注意这三点，找朋友喝点小酒，边喝边聊，又是宣泄，又是转移。

至于骂老婆打孩子可不好，是胡乱发泄，你倒是一时痛快了，可让家人难受了，不但影响夫妻关系，还影响孩子的心理健康，会使其情绪不好、性格不良。现在严禁家庭暴力已经立法，小心儿子告你虐待儿童。

一位女同志：我老公心情不好就爱骂人，要不就乱摔东西，我的办法是不理他，拎起包上街疯狂购物，哪件衣服贵买哪件，过后又有点后悔，可也有好处，把我老公爱发脾气的毛病给治好了，他舍不得钱，就再不敢胡乱发泄了。

真是方法多多，巧妙各有不同，任何一种方法只要运用得当，就会收到出乎意料的效果，运用不当则会带来麻烦。

一位女青年：我在外企工作，感到压力很大，为了给自己减压，我买了个MP3，平时走路、坐车或睡觉前戴耳机听听音乐，您在讲课时谈到你们开发了放松减压的磁带和催眠光碟，不知在哪里能够买到。

对不起！我不做广告，更不在这里推销产品。听音乐是一种很有效的放松和减压的方法，但最好不要经常戴耳机听，自从随身听问世，各国都有一些青少年听力下降，这一点要提醒你注意。

一位老同志：教授！我们都压力大，请您给我们减压，那我们的压力不都转到您身上了吗？您到处讲课，那么忙，您是怎么减压的呢？

谢谢这位领导的关心！我就是通过讲课来减压的。大家可能不理解，讲课怎么能减压呢？第一，我把讲课和旅游相结合。在北戴河，上午给中央机关干部减压，下午陪他们下海游泳；去新疆伊犁、喀什，讲一天玩一天。孔子讲学周游列国，本人讲课游遍全国。我也经常去国外旅游，到过六十多个国家，游遍全世界，但那是要自费的。第二，我把讲课与散步相结合。为什么不坐着讲？站着讲课不腰疼！有心人代我计算了一下，讲半天课大约走了近万步，折合数公里。第三，我把讲课同喝茶相结合。英国萨塞克斯大学心智实验室研究表明，阅读能使压力水平降低68%，听音乐降低61%，喝茶或咖啡降低54%，散步降低42%。我在讲课过程中一边散步一边喝茶，压力水平不是降低将近百分之百了吗！

一位小伙子：您让我们积极正向思维，遇事往好处想。我工作几年了还买不起房，女朋友都跟我吹了，你让我怎么往好处想？

这是个很现实的问题。咱们国家的年轻人着急，不到三十岁，刚有工作，便张罗买房，自己没钱还要啃老。欧美国家通常四十多岁才买房，事业有成，工作稳定，特别是婚姻稳定了再买房，否则闪婚闪离的，每次都要财产分半，有多少套房子也不够分。我有位英国朋友，夫妻俩都是爱丁堡大学毕业，先在苏格兰工作，不久又到英格兰，接着到香港，香港回归中国后，他们又到非洲，南非、北非转了一圈，又到澳大利亚，几年后又从澳洲回到欧洲，后来又去美国转了几个州。还是"超生游击队"，每人怀里抱一个，手中拉一个。我是在美国认识他们的，问他们打算折腾到什么时候，先生笑着回答，退休后回苏格兰老家。我问他有房吗？他说到那时父母就不在了，老房子就归他了。我说难怪你们英国好多住宅都是一二百年，甚至三四百年，很少看到新楼，更看不到建筑工地，因为你们是发达(developed，过去完成时)国家，而我们是发展中(developing，现在进行时)国家。我又问他到处跑来跑去好找工作吗？他说没问题！招聘教师都要试讲，他在课堂上不时放放自拍的照片和录像，学生都很喜欢，觉得这位老师游遍世界、见多识广，评价表上给他打分很高。我很羡慕他们这种生活方式，一个人不但要读万卷书，还要行万里路。我们中国的年轻人真的很可怜，花几百万元买一堆钢筋水泥，把自己扣在那里，哪儿都不能去。这些年人民币不断升值，用这几百万可以把世界游个遍！每天苦哈哈的，舍不得吃，舍不得穿，更没钱玩，而且不敢跳槽。上海有家外企让我推荐位研究生做人力资源工作，年薪二十万元，结果我的几个学生遗憾地说，刚在北京贷款买房了，走不了啦！城里房价太高买不起，只好买城外的，每天抢公交、挤地铁非常辛苦。西方人在公交和地铁上可以看书看报，而我们只能白白浪费许多时间。

一位年轻白领插话：我住在隶属河北省的燕郊，每天要五点多起床，六点去公交站排队，上下班路上都要花两个多小时，父母可怜

我，每天起大早替我去排队，好让我多睡一会儿。

一位漂亮女孩接着说：我们女生比你们更惨，几趟车都上不去，上去也被挤成照片了，还时不时被流氓骚扰。

二位所讲虽然有点儿跑题，还是很有意思。房价不能只靠政策调控，还要年轻人转变观念。租房多方便，住在单位附近，每天节省三四小时用于学习和娱乐多好！

一位企业老总调侃说：不但要年轻人转变观念，还要丈母娘转变观念。 房价这么高，不能只指责我们房地产老板，丈母娘也难辞其咎，手里攥着户口本，问小伙子有房吗？ 有车吗？ 没有就走吧！许多影视剧中有女孩偷户口本的情节，这是典型的中国特色，外国人看不懂。

大家都要转变观念。男女青年相亲相爱，同甘共苦，白手起家，一块奋斗，将来房子会有的，车子会有的，孩子也会有的，到那时一定比衣来伸手饭来张口，住豪宅、开名车的官二代、富二代成就感要大，幸福感也会更高。

一位中年人：老师，您在讲暗示疗法时提到，中医强调身和心的整体性，讲究心理治疗，可我听有的专家说中医是伪科学，是江湖骗子，不知您对此有何看法？

首先声明，我既不懂西医，也不懂中医，可我知道，中华民族上下五千年，繁衍生息至今，成为世界上人口最多的国家，中医功不可没！从扁鹊到华佗，从孙思邈到李时珍，中医中药治好了多少人，怎么能说他们是江湖骗子呢？屠呦呦荣获诺贝尔医学奖，说明中医中药已被国际科学界认可。当然，假冒中医的江湖骗子确实有，但我们不能以偏概全，因为出了几个骗子，便把整个中医都否定掉。

　　一位小帅哥：我是个学生，经常用"比上不足，比下有余"来安慰自己，觉得对调整心态挺管用的，可父母老骂我不求上进，说我没出息，老师，您说我该怎么办？

　　我在前边曾经讲过自我安慰，讲过比上不足比下有余，由于时间关系没有展开讨论，感谢你提了这么好一个问题，使我有机会进一步谈谈自己的看法。我也觉得这句话挺好，并不时用来自我解嘲。有的学生比我先晋升教授当博导，有的收入比我高，我心里就有点不舒服。可再一想，青出于蓝胜于蓝，长江后浪推前浪，一代更比一代强，学生超过老师是很正常的。"弟子不必不如师，师不必贤于弟子"，如果学生都超不过你，说明你不是个好老师，早该下课了！比不过学生没关系，可以比比小时候的伙伴和以前的同学，好像还没有谁比我更强，自己这辈子混得不错了，该知足了。这样一想就坦然多了。但一个人不能老是往下比，那就不努力、不进步了。所以还不要忘了往上比，要看到自己的不足，要不断奋发进取。往上比是问题应对，克服困难，积极向上；往下比是情绪应对，调整心态，理性平和。一阳一阴相辅相成，一个人只有不断往上比，不断解决问题，同时又随时往下比，随时管理情绪，只有这两种比较都学会，两种应对都做好，才是一个心理健康、适应良好的人。古人云：德比于上，物比于下。德比于上，则知荣明耻；物比于下，则知足常乐。

　　一位考研落榜生：我们从小受的教育是有志者事竟成，只要功夫深，铁杆磨成针，要发扬愚公移山的精神，对目标要执着，可您却让我们要学会放弃和代偿，那不是遇难而退、见异思迁吗？另外，我要努力到什么程度才放弃呢？总不能遇点挫折就后退吧！比如，我考研，要考几年考不取才放弃呀？

问得非常好！我前面说过，真理都是相对的，没有放之四海而皆准的绝对真理。一切真理都以时间、地点、条件为转移，自然科学如此，社会科学更如此。审辩式(亦称批判性)思维既提倡不懈质疑，又强调包容异见，原因即在于此。对"只要功夫深，铁杵磨成针"这句话也应辩证地看。有毅力、不畏难令人称道，但没必要将金箍棒磨成绣花针，那不是浪费资源吗？为了一根针耗费了大好青春值得吗？

有志者事竟成，愚公移山精神，对目标执着，都值得提倡，但它们仅仅在鼓励人立大志、不怕困难这点上是对的，如果你抱着不放，死心眼，一根筋，一条道走到黑，那你就完蛋了。此时换一个目标，说不定柳暗花明又一村，你会取得更大的成功。至于何时该放弃，没有固定答案，要因人因事因情况而定。有的人可能考几年，有的人可能一两次就放弃，这里没有对错。遗憾的是，我们的家庭教育和学校教育所教的都是非黑即白的绝对真理，孩子从小到大没有学过如何处理这种两难问题。"融四岁，会让梨"，难道我们不管什么情况下都要谦让吗？有时不是也要针锋相对、寸土必争吗？"该出手时就出手"，到底何时该出手、何时不该出手？这种决策能力仅靠说教和书本都是教不会的，必须靠个人在生活中体验，在实践中感悟，才能真正掌握，知道何时要继续努力，何时该放弃。一些书呆子到了社会上处处碰壁，无所适从，其原因就在这里。有个年轻博士甚至到我这儿咨询，与女朋友交往何时送花、何时见双方父母这样的问题。我们提倡中小学心理健康课要以活动为主，在活动中去感受，在体验中学习，这样才能将知识内化成自己的东西。

一位男青年：您的五句箴言虽然是大白话，看起来很简单，很通俗，可我还是没完全搞懂。"现在不好将来好"的发展论好理解，"不好中有好"的相对论和"这方面不好那方面好"的全面论就很难

分清，我觉得这两句意思差不多！

你是个好学生！这么快就把五句箴言记住了。我们还是回到前面呈现的太极图吧！全面论是既看到这一半黑又看到那一半白，是从其他方面找到好的一面；片面性是只看一面，或者只看黑，或者只看白。相对论是从白里看到黑，黑里看到白，从不好本身中发现好，当然也可从好中发现不好；绝对化是或者一团漆黑，或者一片光明，好就绝对好，坏就绝对坏。"我很丑，但我很温柔。"这是全面论。温柔难免软弱，刚烈容易断裂就是相对论了；柔中有刚，刚柔相济则是中庸之道的正理。

一位老先生：教授，您的思想中好像有些老子、庄子的东西，不知您对孔孟之道和老庄哲学怎么看？

我不是研究国学的，对孔孟之道和老庄哲学都知之甚少，您要对这些感兴趣可去听我们北京师范大学于丹教授在百家讲坛的课，她虽然很年轻，但在国学领域造诣颇深，不但讲得深入浅出、生动活泼，而且紧密联系社会现实和百姓生活，活学活用，我只听了几个片段，就感到受益良多。

我还听过余秋雨先生的一次讲座，他说孔孟之道是齐家治国平天下，老庄哲学是修身养性调身心。也有人说，孔孟是入世的，老庄是出世的。

国学大师南怀瑾则认为："综合老子所谓的道，既不如佛家一样的绝对出世的，也不是如儒家一样的必然入世的，他是介于二者之间，可以出世，亦可以入世的。"他还形象地比喻说，"儒家是粮店，道家是药店，佛家是百货店。"

忘记了是哪位学者又将三者关系做了如下通俗概括：儒家是拿得起，道家是看得开，佛家是放得下。可谓生动形象，精辟之至。

以"两脚踏东西文化，一心评宇宙文章"为座右铭的林语堂先生却认为："道教与孔教是使中国人能够生存下去的负正两极，或曰阴阳两极。"

国外心理咨询学界近年来倡导哲学疗法，我个人觉得老庄哲学对个人修身养性、做好心理调节是不无益处的。

一位女青年：老师，您在开始时讲辩证法，可是我听着听着，怎么感觉到了一点阿Q的味道，难道鲁迅尖锐讽刺、严厉批判过的精神胜利法也值得推崇吗？

你的问题也很尖锐啊！我身上岂止有点阿Q的味道，有时简直就是阿Q第二。有一次，我对一个自称成功人士，在我面前摆谱显阔的小老板说："你一年赚几十万算什么，我一个学生在外企工作，年薪四十万美元，我的学生比你阔多了！"阿Q比不过人家就搬出自己的祖宗，可惜我的祖宗也不阔，就只好拿学生来自我安慰了。你看这不是一个活脱脱的现代阿Q吗？所以我在朋友圈里的网名就是老Q。其实人有时候来点儿阿Q的精神胜利法也无不可，在充满竞争和压力的世界上，如果没有一点阿Q精神就很难生存。毛主席对帝国主义都能一分为二，说帝国主义既是纸老虎、豆腐老虎，又是真老虎、铁老虎。我们对阿Q当然也应一分为二。如果你时时、处处、事事阿Q，老是"小子打老子""我的祖宗比你阔多了"，那叫不求上进，叫没出息！但偶尔来一下，作为缓解情绪的权宜之计，用用也无妨。好比一个人发高烧，当务之急是退热，而不是其他。阿Q也有可取之处，就是他从不失眠。不知我的回答你是否满意？（笑声）

一位大学生：郑教授，我的问题可能有点失礼，您前面讲到两种心理，我觉得您就有点像吃不到葡萄说葡萄酸的狐狸，这种酸葡萄心理不是一种消极的人生哲学吗？

你的问题非但不失礼，反而是个好问题，能促进我们讨论更深入。还有比你说得更尖刻、更难听的呢！你只不过说我像只狐狸，有人骂我像头猪。

多年前，我到北京大学讲课，也讲心理调节，讲着讲着纸条就递上来了，不但说我是阿Q和狐狸，还有人写道："请问先生，您是愿意做一位痛苦的智者，还是愿意做一头快乐的猪？"我刚念完，台下一片哗然，流露出对写条者的不满，认为对老师太不礼貌了。我笑了笑说，大家别介意，我喜欢这种挑战性的问题，时间不多了，别的问题可以不回答，这个问题一定要回答！

首先，我这个人不够聪明，算不上智者，而且我也不痛苦，所以第一句话不符合我。这位同学能提出这么深刻的问题，应该智商很高，是个智者，而且估计他也很痛苦，因为在他心中智者是和痛苦连在一起的。下面再来看第二句话，我确实很快乐，但我不是猪，因为猪吃饱了睡，我吃饱了要工作，要讲课，我相信你不会在这里听一头猪哼哼一个晚上，可见我不是猪。现在我要反问你："汝非猪，焉知猪之快乐？猪快乐不快乐我不知道，你又不是猪，你怎么知道猪的快乐呢？"引得台下哄堂大笑，这就是平等讨论的效果。

下面请大家一起讨论讨论伊索寓言里面那个狐狸，吃不到葡萄说葡萄酸，对这个狐狸究竟怎么看？如果你是葡萄架下的狐狸你会怎么做？请大家实话实说，畅所欲言。

一位小青年：我觉得这是个明智的狐狸，心理健康的狐狸，如果我是那只狐狸，我也会那样做。

一位中年人：我觉得这只狐狸不够积极，要是我，会去找个梯子或板凳，或找伙伴合作，想办法摘下葡萄。

一位女同志：那要是找不到梯子或板凳，又没有伙伴怎么办呢？总不能跳个没完，累死在葡萄架下吧？也不能悲观绝望郁闷或上吊自杀吧？

（掌声）

一位小伙子：依我的脾气也许会乱骂人，或一把火把葡萄架给烧了，但这肯定自找倒霉，要吃苦头。

大家说得太好了！几位在发言中既谈到了问题应对，也涉及了情绪应对，有比较才能知道哪种应对办法更好。我们在追求某个目标遇到障碍时，当然最好能排除障碍达到目标，但有时困难太大，无法克服，这时情绪应对就很有必要了，二者没有积极、消极之分，都是我们适应环境以求生存所必需的。

实际上，吃不到葡萄说葡萄酸的自我安慰里边也含有辩证法的合理内核。经过努力还得不到的东西就说它是不好的，前提是经过了努力。努力争取是问题应对，无论如何努力依然无法得到，才说它不好，这是情绪应对，二者不可或缺。

甜柠檬心理是从酸葡萄心理中引申出来的，就是自己所有的东西摆脱不掉就说它是好的。极力摆脱是问题应对，千方百计也摆脱不掉就只能接受，为此说它好就是情绪应对。柠檬是酸的，可我自己的柠檬无法改变，我不妨说它是甜的。我个子矮，改变不了怎么办？个子矮聪明，个子矮灵活，个子矮省布票，大人物也有个子矮的。这么一想就心安理得了，不但不烦恼，还活得挺开心！你整天烦有用吗？别人更看不上你了！所以你看，这样的自我安慰是不是也是阴阳辩证思想的具体应用啊？

当然，这两种心理和精神胜利法一样也要一分为二，如果一个人面对问题或困难，不做任何努力，老是"酸葡萄""甜柠檬"，那就真成了不可救药的阿Q。

还有很多人要发言，但时间有限，讨论与答疑环节就到这里。

我从事心理辅导、心理咨询工作二十余年，常用狐狸与葡萄的故事来启发求助者正确应对压力，并以此自励自勉。这里将这个伊索寓言新编再讲一遍作为本期讲心堂的结束。

　　盛夏酷暑，一群口干舌燥的狐狸来到一个葡萄架下。 一串串晶

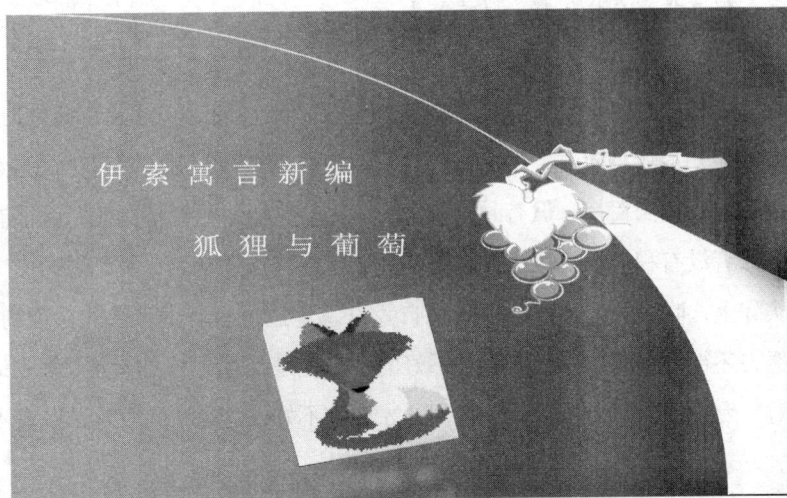

图 5-1　狐狸与葡萄

莹剔透的葡萄挂满枝头，狐狸们馋得口水直流。

葡萄架很高，一只狐狸跳了几下摘不到，从附近找来一个梯子，爬上去摘下大把葡萄，满载而归。

又过来一只狐狸，跳了多次仍吃不到，找遍四周，没有任何工具可以利用，笑了笑说："这里的葡萄一定特别酸！"于是，哼着小曲，心安理得地走了。

第三只狐狸高喊着"下定决心，不怕万难，吃不到葡萄死不瞑目"的口号，一次又一次跳个没完，最后累死在葡萄架下，你不瞑目就不瞑目吧，没有人可怜你。

第四只狐狸因为吃不到葡萄整天闷闷不乐，抑郁成疾，得了癌症，不治而亡。

第五只狐狸想："连个葡萄都吃不到，活着还有什么意义呀！"于是找个树藤上吊了。

第六只狐狸吃不到葡萄便破口大骂，这是谁把葡萄架弄得这么高，被路人一棒子了却性命。

第七只狐狸抱着"我得不到的东西绝不让别人得到"的阴暗心理，一把火把葡萄园烧了，遭到众狐狸的共同围剿。

第八只狐狸羡慕嫉妒恨，想从第一只狐狸那里偷、骗、抢些葡萄，也受到了严厉惩罚。

第九只狐狸因为吃不到葡萄，气极发疯，蓬头垢面，口中念念有词："吃葡萄不吐葡萄皮……"

另有几只狐狸来到一个更高的葡萄架下，经过友好协商，搭起叠罗汉，团结合作，摘下葡萄，你一串我一串，成果共享，皆大欢喜！

本故事纯属虚构，欢迎各位对号入座。真正带给我们快乐的是智慧不是知识，大家都是知识分子，既有智慧又有知识，那您愿作哪一只狐狸呢？

最后送大家一句话：烦恼是自寻的，快乐是选择的。

多年前，我在商务部党校为即将出国任商务参赞的司局级干部举办阳光心态工作坊，几天后，一位领导用手机短信告诉我，他和几位学员将这个狐狸与葡萄的故事改编成短剧小品，在结业典礼上汇报演出，受到主管部长的赞赏。他在国外任职期间还同我有联系，说他每当遇到困难或挫折时，想想这几只狐狸，心情就会好许多。在他的推荐下，《人民日报》海外版刊登了这首伊索寓言新编。

感谢各位的耐心，花了两天时间参加我们的工作坊，欢迎各位有机会再次光临讲心堂。

本期工作坊到此结束，谢谢大家的积极参与！再见！

附录
POSTSCRIPT

当代知识分子的压力及应对

郑日昌

人是生活在压力中的。婴儿的出世就是一个经受压力的过程，人的一生都是在压力中成长的。20 世纪 60 年代的劳动模范、大庆铁人王进喜说得好，"井无压力不出油，人无压力轻飘飘"。可见，压力有其正面的积极功能，没有压力，个人和社会就丧失了进步的动力。

压力是把双刃剑。两类压力对人有害：一是超出人承受力的过强的压力，大惊、大怒、大悲、大喜，均可导致人身体和精神的崩溃；二是引起人负面情绪的持久性压力，连续不断的紧张焦虑、忧愁恐惧，都可使人罹患身体和精神疾病。上述两类压力不但有害身心健康，还会降低工作和学习效率，影响人际关系，从而妨碍个人事业前程、家庭和睦乃至社会的安定和谐。

不同的人群在不同的时代有着不同的压力和不同的感受。工农大众感受到的更多是身体的疲劳和生存的压力，知识分子感受到的更多是精神的创伤和个人发展的压力。阶级斗争年代，知识分子普遍感到压抑和恐惧；和平发展时期，则有很多知识分子感到焦虑和浮躁。

有人说现在是压力时代，知识分子的压力比过去多，比过去大。我对此说存疑。过去有过去的压力，现在有现在的压力。来源不同，性质不同，很难做量的比较。若一定要比较，窃以为，当代知识分子的压力，纵向不比过去大，横向不比工农多。起码笔者个人感受如此。

遥想当年，知识分子斯文扫地，挨批判，做检查，思想改造，劳动锻炼，既触及灵魂，又触及皮肉，压力不能说不多、不大。虽无确切统计资料，仅凭个人所见，因不堪屈辱而自杀或长期郁闷而早亡的人数，应不会少于现在所谓过劳死者。

与往昔相比，当今社会政治何等宽松，经济何等繁荣，知识分子的工作条件有了极大改善，生活水平有了显著提高，感到压力大者，主要是未经历过苦难、不识愁滋味的青年。因为压力的大小是相对的，同人的承受力有关。在很多情况下，并非压力太大，而是某些人的承受力太差。

如此说来，当代知识分子就没有压力或压力很小了吗？答案是否定的。所不同的是，过去的压力更多来于外界，现在的压力主要源于自身。

近几十年来，中国社会发生了翻天覆地的变化。政治改革，经济发展，科学进步，新技术、新思想、新观念、新职业、新术语等新事物像雨后春笋，不断涌现，就连衣食住行也有很大改变，令人眼花缭乱。有变化就要去适应。在一个发展较慢或相对稳定的社会，人们已形成一套与其适应的思维方式和行为习惯，而在一个急剧变迁的社会，则需要不断调整和应对，适应困难者便会感受到压力。知识分子往往是站在时代前列的弄潮儿，对变化尤为敏感，所经受的压力自然也大一些。

当今中国社会最大的变化是计划经济向市场经济的转变。在吃大锅饭的计划经济年代，强调集体利益，否定个人作用，反对成名成家，人们责任分散，压力当然不大。市场经济奉行的是竞争机制，优胜劣汰，适者生存。职场商场，犹如战场。升学就业，职称职位，婚姻家庭，房子车子，无一不靠竞争。正是这种竞争，促进了经济的腾飞。天高任鸟飞，弱者徒伤悲。为了取得竞争优势，人们不得不加大工作负荷，加快生活节奏。以个体劳动为主，又有较强自尊心、虚荣心的知识分子，自然会感受到无情的压力。

市场化的经济要靠民主化的政治来保障，没有政治的民主化就谈不上国家的现代化。政治的民主化必然导致价值的多元化。民主给了人们更多的自由。

有自由就要选择，要选择就有冲突。在现实生活中，到处都有鱼和熊掌不可兼得的双趋冲突、前有狼后有虎的双避冲突、又想吃又怕烫的趋避冲突。简言之，自由多则选择多，选择多则冲突多。同强调集中统一的一元化社会相比，民主社会选择冲突多，无疑也会给人带来更多的压力。特别是在追求自由的知识分子面前，机会太多，诱惑太多，压力自然也多。

除了上述变化的压力、竞争的压力、选择的压力之外，各种来自工作、生活、人际矛盾、子女教育以及生老病死、天灾人祸等方面的具体压力更是不胜枚举。

在众多压力面前，知识分子有的积极乐观，越战越强，越挫越勇，不断成长、成功；有的却无所适从，心浮气躁，牢骚满腹，怨天尤人，在惶惶然中一事无成；也有的身心俱疲，积劳成疾，或重病缠身或英年早逝。据不久前的媒体报道，有七成以上的知识分子处于亚健康状态，其寿命要比普通人群少十年左右。此结论虽然不是通过科学的抽样调查得来，也应引起我们的高度重视。

压力当头必须学会应对。心理学将人应对压力的策略分为两种，一种是问题应对，一种是情绪应对。

通过努力克服困难，排除障碍，达到目的，称作问题应对，将问题解决了压力便消除了。我们在解决问题的过程中会有喜怒哀乐，只有调整好心态，才能更好地解决问题，这种对情绪的自我调控和管理，谓之情绪应对。

问题应对和情绪应对并无积极消极、孰先孰后之分，应该两手同时抓，两手都要硬。只有不断地既抓好问题应对，又抓好情绪应对，才能永远立于不败之地。

问题应对主要涉及确立适当目标、制订周密计划、讲究科学方法、提高工作能力、处理好人际关系以及合理运筹时间等方面。面对压力，好高骛远、急于求成、投机取巧、弄虚作假、匹夫之勇、盲目蛮干、张弛无度等均是问题应对不当的表现。

情绪应对的方法多种多样。

通过说一说、写一写、哭一哭、喊一喊、唱一唱、跳一跳等方法把情绪合理表达出来，谓之宣泄。

通过读书报、练字画、看影视、做运动、学歌舞、玩棋牌、养宠物以及逛街、钓鱼、集邮、旅游、家务等活动摆脱烦恼或离开烦恼源，谓之转移。

叹气、深呼吸、打哈欠、伸懒腰、听音乐、按摩、催眠或在大脑中浮现出蓝天白云、森林草原、江河湖泊、海浪沙滩、小桥流水等美好景色或宁静的田园风光，谓之放松。

用玩笑调侃或自我解嘲的方法化解矛盾冲突，摆脱窘迫尴尬，谓之幽默。

由弱到强循序渐进地接触令自己不快的刺激，使其逐步适应，谓之脱敏。

改变目标和追求，或用一方面的优势弥补另一方面的不足，谓之代偿。

无意识地或潜移默化地接受自己或他人积极的言语和行为的影响，谓之暗示。

经过努力还得不到的东西就说它不好的酸葡萄心理，自己所有的东西摆脱不掉就说它好的甜柠檬心理，谓之自慰。

化悲痛为力量，变压力为动力，将情绪激发的能量引到正确的方向，使其具有建设性、创造性，对人、对己、对社会都有利，谓之升华。

看人、看己、看事，变绝对为相对，化片面为全面，转静止为发展，牢固树立不好中有好的一面，这方面不好那方面好，现在不好将来好，"塞翁失马，焉知非福"的哲学思想，谓之辩证。

方法多多，不一而足，有的治标，有的治本，运用之妙，存乎一心。

古希腊哲人苏格拉底有句名言：真正带给我们快乐的是智慧，而不是知识。

何谓智慧？世界观、方法论、辩证法是也！把知识看成绝对真理，会比无知痛苦更多。应对压力的治本之策乃是学会积极正向的思维方式，养成辩证的思维习惯。

应对压力除了靠个人努力之外，还可以争取亲友、同事等来自各方面的社会支持，必要时还可寻求心理咨询等专业帮助。社会上应普遍建立心理援助和危机干预系统，这是以人为本、创建和谐社会所必需的。

灾难的心理应对与心理援助①

郑日昌

回顾历史不难发现，人类是在灾难中生存与发展起来的。正是战胜了无以数计的灾难，人类才繁衍生息至今的几十亿人口。从某种意义上说，灾难也有生态平衡的作用，没有大大小小的灾难，地球上早就人满为患。

作为给人类生命和财产造成重大损失的灾难事件，有天灾也有人祸。天灾是大自然所为，可能是天文地理因素使然，也可能是其他生物作祟的结果。人祸可能是一时疏忽或技术故障所致，也可能是有意为之。灾难可能是局部的，受害范围有限的，也可能是广泛的，受害范围很大的；可能是爆发性的，也可能是持续性的。1976年7月28日的唐山大地震，刹那间整座城市变成一片废墟。1348年蔓延全欧洲的鼠疫，历时三年，许多城镇人口灭绝，死亡人数约占当时欧洲人口总数的三分之一。

灾难是无法完全避免的，但灾难带来的损失却是可以努力减轻的。一次灾难的损失程度，不仅取决于灾难本身的破坏力，而且在很大程度上取决于受灾者的承受能力和社会的综合抗灾能力。1995年1月，日本神户发生了强烈的大地震，当地人民遇灾不乱，救灾有序，大大减轻了损失，被世人誉为"成熟的国民，成熟的社会"。2001年9月11日纽约世贸大厦遭受恐怖袭击，大多数人秩序井然地撤离现场，倘若危急关头混乱拥挤，不知要增加多少伤亡。2003年我国"非典"流行，许多医生也表现出了救死扶伤、临危不惧的高尚医德。

大浪淘沙，适者生存。灾难既是对人身体素质的考验，又是对人心理素质的挑战。

大祸临头，世人表现各不相同：麻痹大意，心存侥幸者有之；求神拜佛，

---

① 本文是2003年6月"非典"肆虐时期，在凤凰卫视"世纪大讲堂"上的演讲稿。

听天由命者有之。有的惊慌失措，束手无策；有的紧张焦虑，防卫过当。前两种人是由于无知和愚昧，不做积极应对，导致贻误战机，坐以待毙。后两种人夸大灾难的严重性，或因过度惊恐而失去理智，抑郁、悲观甚至绝望自杀，或惶惶然不可终日，采取过头或无效的防卫措施，造成比灾难本身更大的损失。

由加拿大医生赛雷(Hans Selye)等人提出的应激理论，对于理解灾难对人身心的影响很有帮助。应激的英文是"stress"，指的是由令人紧张的事件或环境刺激所唤起的生理、心理反应。赛雷把应激的生理过程分为三个阶段：

①警觉期：通过一系列的神经生理变化，紧急动员体内资源，机体处于战备状态。

②抵抗期：继续发生神经生理变化，充分利用体内资源，对付各种紧急情况。

③衰竭期：体内激素和重要微量元素耗尽，某些细胞和组织遭到破坏，出现创伤后应激障碍(PTSD)。

研究表明，适度的应激反应有利于调动机体能量，抵抗外来压力，但若恐慌紧张过度，导致过强或持续的应激反应，则会影响神经体液和免疫系统的功能，引起心血管系统、消化系统等各个器官系统的疾病，也可能引起代谢障碍和癌症，甚至导致死亡，这已是临床上不争的事实。

有人将两只同样健康的羊分关在两个笼子里，一只生活安定，另一只可随时看见一只狼，两个月后，后者因过度紧张而死。

30 年前，辛克(Hinkle)做了一个实验研究：给 52 名 18～49 岁的志愿被试注射了一种感冒病毒，发现被试此前的应激水平与发病程度有显著的相关。

在 20 个世纪 80 年代，斯彤(Stone)等人用记日记的方式研究情绪与免疫功能之间的关系，发现在消极情绪的日子里机体的抵抗力较低。可见过度恐惧和焦虑会导致免疫力下降，越怕得病的人得病的概率越大。

为什么面对同样的压力事件，人们的应激反应会不同呢？美国心理学家拉扎勒斯(Lazarus)认为，个体对事件的认知评价是决定应激反应的主要中介和直接动因。而对事件做出何种认知评价，又同个人的知识经验、思维方式和个性特征有关。

临床心理学家艾利斯(Ellis)提出的理性情绪疗法(RET)与拉扎勒斯的应激理论不谋而合。艾利斯认为，人的不良情绪和行为作为一个结果(C)，并非由诱发性事件(A)直接引起，而是由个人对事件的认识或者信念(B)引起的，因此要改变不良情绪和行为必须从改变认识入手。

社会心理学家费斯廷格(Festinger)的认知不协调理论可以很好地解释灾难发生后人们的不同认识和心态。该理论认为，当一个人同时持有两种在心理上不一致的认知时，便会处于不协调的紧张状态，这是令人不快的，所以会努力减少它以达到认知协调。1979年三哩岛核泄漏事件发生后，住在附近的居民更相信政府核管理委员会(NRC)关于事故并不严重的宣传，而远处的居民却更为恐慌并大骂NRC是骗子，因为附近的居民需要通过否认或者忽视事故的严重性来为继续住在危险区辩解，以减少不协调。与此类似，在"非典"流行期间一些不得不外出的人，也往往用否定"非典"的严重性来为自己壮胆，取得心理平衡。每当社会动乱或者灾难降临的时候都会谣言四起，这除了是因为过度恐惧导致意识狭窄，辨别力下降，容易接受暗示外，也和人们为了替自己缺乏理智的恐慌行为寻求解释有关，此时的人已由理性动物变成了理由化动物。要转变这种扭曲的认知，必须由信誉高的权威机构不断发布真实可靠的信息。

对灾难的应对研究始于20世纪60年代。所谓应对(coping)是指防止压力或应激的伤害而做出的努力。拉扎勒斯提出了问题取向(problem focused)与情绪取向(emotional focused)两种应对策略。前者把重点放在解决问题上，后者把重点放在调节情绪上。二者相辅相成，缺一不可。但对不同灾难和不同个人侧重点可能有所不同。在西方文化中，问题应对策略更受推崇；女性比男性在情绪应对方面更有技巧；对危机处理充满信心的人倾向于采用问题应对策略；如果情境无法控制，采取情绪应对似乎是最佳选择。比如，三哩岛核电站事故发生几个月后，一个心理学家小组研究发现，处理自身的消极情绪（气愤、挫折、恐惧)最有利于健康，而徒劳无功地去解决问题，只能增加挫折感，带来更多心理问题。不过，对于类似"非典"这种具有可控性的威胁，则应将问题和情绪应对并重，既要积极采取各种措施克服困难，努力减少损失，又要消除过度紧张、焦虑和恐惧情绪。

在灾难面前，心理不健康者往往会采取一些不恰当的应对措施或者消极的自我防御机制：

否认：不接受现实，否认已发生的灾难，幻想事实不是真的。

退行：心理活动退回到早期水平，使用较原始而幼稚的方式应对挫折情境。

回避：躲避与现实有关的场景或物品，避免谈论与灾难有关的任何话题。

压抑：有意或无意地忘记有关事件，将痛苦与焦虑压抑到潜意识中。

反向：内心紧张却故意表现出满不在乎的样子。

抵消：以某种象征性的活动来抵制和减轻痛苦，如亲人死亡，吃饭时仍为其摆一份餐。

攻击：攻击他人（自认为的责任者）或自残自虐，或找替罪羊。

自责：为失去亲人而内疚自责，重复"如果……就不会……"的句式。

还有人用抽烟喝酒来减轻痛苦，结果是抽刀断水水更流，借酒消愁愁更愁。

上述这些消极的自我防御机制，只能暂时缓解痛苦，不能从根本上解决问题。长期应对不当甚至会导致恐惧症、焦虑症、强迫症、抑郁症、疑病症及头痛、失眠、消化不良等躯体化症状。

在灾难面前，心理健康者会主动采取下面一些积极的或至少是无害的应对措施。

宣泄：选择适当时间、地点、对象，采用适当方法（如倾诉、痛哭、呐喊、写信、记日记等）将自己的痛苦表达出来。

转移：将注意力指向无害的事物或从事有益的活动（如看书、听音乐、看电视、做家务、体育锻炼等）以减轻痛苦。

代偿：失之东隅，收之桑榆。堤内损失堤外补。改变目标，以一方面的成功弥补另一方面的失败。

升华：化悲痛愤怒为力量，将应激唤起的能量投入到对人、对己、对社会都有利的正确方向上去，使其富有建设性和创造性。

放松：通过深呼吸，放松肌肉，想象成功经历或美好景色等技术减轻或消除紧张症状。

脱敏：循序渐进地逐步接触敏感事物，以克服恐惧和焦虑。

幽默：以乐观的心态健康调侃或自我解嘲，给生活带来笑声，缓解紧张气氛。

自慰：在重大而无力挽回的挫折面前，适当地运用"酸葡萄"和"甜柠檬"心理，这也不失为一种有益的应对策略。

希望：有信心，不灰心，有希望，不绝望，才有战胜灾难的勇气和力量。但将冷眼观 SARS，看你横行到几时。黑夜到了，黎明还会远吗？

理智：认知重建，变非理性认识为理性认识。一分为二，辩证思考，用全面和发展的眼光，从消极中看到积极。君不见 SARS 的肆虐提高了人们的卫生意识，促进了全民健身运动；"非典"时期，交通好了，会议和应酬少了，有更多的时间与家人团聚，或去学去做长期想学想做而一直不得空的事；患难之中，一个电话，一个短信，可以消除隔阂，增强亲友情、同志情；大家更加珍惜生命，善待他人；危急关头，不但考验了群众，也考验了各级领导干部，把百姓生命安危放在首位的政府，必将得到人民的更多拥护；在抗灾中总结经验，接受教训，增加媒体透明度，扩大百姓知情权，使改革步伐加快……从这种意义上说，灾难不是也有好的一面吗？看消极使人绝望，看积极令人振奋。我们为何自寻烦恼、庸人自扰呢？

行动：灾难毕竟是天大的坏事，只靠调整心态的情绪应对是远远不够的，必须行动起来，为所当为，努力做好问题应对。要广泛搜集有用信息，掌握必要知识技能，寻求社会支持，采取积极措施，克服困难，减少损失，防止更大灾难的发生。必要时可以调整生活习惯，改变工作和学习方式，适应新的环境，以既来之则安之的平和心态在灾难中生存。

在灾难面前，既需要每个人调整心态，战胜恐惧，积极应对，更需要全社会紧急动员起来，一方有难，八方支援，一人遇险，众人相助。心理学上，把人们通过社会联系所获得的能减轻应激反应、缓解精神紧张、提高适应能力的各种影响称作社会支持(social support)，包括物质帮助、信息提供、情感关爱等。这种支持可以来自家庭、亲友、同事、组织、媒体和政府，也可以来自慈善团体和专业的心理援助(psychological assistance)机构。研究表明，社会支持和认知评价一样都是压力事件影响个体情绪过程的中介变量。有效的社会支持既能保护当事人的身体健康，也能促进问题的解决。

大多发达国家建立起了比较完善的心理援助系统。所谓心理援助就是心理上的助人活动。发端于20世纪初的心理测验、心理卫生与职业指导运动，首开了在心理上科学助人的先河。现代西方广为流行的心理咨询、心理治疗等助人专业，就是在此基础上发展起来的。学校、医院、企业、社区、军队乃至监狱都有专业人员从事心理助人工作。除了这些日常助人机构之外，还有专门的危机救助中心以应对灾难和突发事件。例如，美国遭受"9·11"恐怖袭击之后，各方面的临床心理学者，即刻投入了对逃生者、遇难者亲人及广大市民特别是儿童的心理创伤的康复工作，收到了安定人心、减少损失的良好效果。这种心理帮助可以个别进行，亦可团体实施；可以当面进行，亦可通过电话或媒体实施。

在我国，长期以来人们对灾难更看重的是物质或医疗援助，心理援助只是在近几年刚刚有所尝试。例如，1999年我国台湾"9·21"大地震后，辅导学会会长金树人教授等一批心理学工作者奔赴灾区，对灾民开展心理辅导。因为是初次尝试，缺乏经验，金教授后来描述当时的心态，说自己是"摸着石头过河"。内地第一次主动的心理援助活动是2002年大连的"5·7"空难，北京派出了三位专家对遇难者家属进行心理疏导工作，受到各方面的欢迎和好评。

2003年，我国因"非典"致灾，全社会的恐慌引起了人们对心理干预的高度重视，极大地促进了心理援助系统的发展。其中以电话、广播电视及网上咨询最为火热。以中国疾病预防控制中心开设的"非典"热线为例，仅4月21日开通当天便打进7329个电话。除了这种由医疗卫生部门开设的知识性、信息性的热线外，在北京还有十几条由心理学工作者开设的"非典"热线，专门为"非典"患者、疑似病人及其家属、隔离人员、"非典"恐惧者及战斗在"非典"一线的医务工作者提供心理支持。例如，北京大学、北京师范大学等心理学科较为发达的高校都先后开通了自己的热线，受到群众的欢迎和媒体的关注。以此为契机，北京师范大学心理学院还正式成立了心理危机干预中心，作为一个常设机构开展灾难应对与危机干预的研究和服务工作，这将是我国对灾难心理援助走向专业化的开端。

"吃一堑，长一智""亡羊补牢，犹未晚也"。我们要尽快完善对灾难的社会支持和心理援助系统，只有这样，才能实现"祸兮福所至""大难不死必有后福"的预言。

灾难是从反面推动人类社会前进的动力。正如一位哲人所言："没有哪一次灾难不是以历史的进步为补偿的。"灾难过后，必将是一个更加美好的世界！

幸福其实很简单
郑日昌

近年来对幸福的讨论成为社会上的热门话题。"你幸福吗?""我姓曾!"这是发生在电视采访中的笑谈。

世上无人不渴望幸福,但对幸福的理解却各不相同。笔者在这里不揣浅陋,也谈谈对幸福的理解。

幸福是复杂的,影响幸福的因素多得数不清,从物质到精神、从政治到经济、从衣食住行到医药卫生、从工作事业到休闲娱乐、从婚姻家庭到周边环境,与人生有关的方方面面无不影响到人的幸福感。幸福的复杂性还表现在,达官贵人和凡夫俗子各有各的幸福;权势大、金钱多、学历高未必幸福,平民百姓未必不幸福;富贵者有快乐,但不一定有幸福感。幸福和快乐既有联系又有区别。二者都是需要满足之后的愉悦感,不同之处在于快乐与特定情境有关,是某一具体需要满足之后的感受;而幸福是对某一时期生活的总体感受,是人们对其生活质量所做的情感性和认知性的整体评价。

大道至简。幸福其实也很简单,可以简洁地表达为:幸福＝成功／欲望。

幸福是人对生活的满意感,是人的一种主观感受。幸福主要受两个心理因素影响,一个是成功感,一个是需求感(欲望)。前者和幸福成正比,后者和幸福成反比。要增强幸福感,就要努力争取成功,加大分子;同时还要减少需求,缩小分母。争取成功意味着积极向上,与时俱进;减少需求意味着降低欲望,知足常乐。

成功是对需求的满足,但轻易得到或别人给予的满足并不能使人产生成功感,只有通过自己努力得到的成功才会有成功感。我有几位来自农村、家境极贫困的学生,经过十年寒窗苦,不但改变了自己的命运,还将父母接进城享受天伦之乐或带去世界各地旅游,两代人都体验到极大成就感和幸福感。而那些

"富二代""官二代"则绝无此高峰体验。

一般说来，付出大的努力，取得大的成功，便体验到大的幸福；小的努力，小的成功，便有小的幸福；付出很大努力却得不到相应回报便是不幸之人。

但一个人的幸福不能只到终点去寻找，而要在征程上沿途去发现，要学会欣赏生活中那些细小的事情，学会闻一闻路边玫瑰花的芬芳，在努力奋斗的过程中体验快乐和幸福。只对成功结果有幸福感，那只有短暂的一次幸福；而在努力过程中也体验到幸福的人，则有更多更长的幸福感。这就是所谓的"双倍幸福法则"。

一个人并非努力了就一定会取得成功，成功除了需要勤奋外，亦受自身能力乃至性格制约，更有条件和机遇问题。成败并非完全由自己决定，我们既要努力争取成功，也要坦然接受失败。接受失败的有效方法是降低欲望。

某些高官富豪、学者明星似乎很成功了，为什么还会痛苦抑郁甚至自寻短见呢？多半是和需求太多、欲望太高有关。需求是多方面的，欲望是无止境的，一个需求满足了就会产生更高的需求。国学大师南怀瑾在《谈历史与人生》一书中，引用明末清初的闲书《解人颐》中的一首白话诗，来描述人的欲望无止境：

终日奔波只为饥，方才一饱便思衣。

衣食两般皆俱足，又想娇容美貌妻。

娶得美妻生下子，恨无田地少根基。

买到田园多广阔，出入无船少马骑。

槽头扣了骡和马，叹无官职被人欺。

县丞主簿还嫌小，又要朝中挂紫衣。

作了皇帝求仙术，更想登天跨鹤飞。

若要世人心里足，除是南柯一梦西。

其中，"作了皇帝求仙术，更想登天跨鹤飞"两句为南先生所加。

按照马斯洛的需求层次理论，人的最基本需求是生理上的需求，亦称生存需求。首先是个体生存，就是要吃饱肚子；其次是种族生存，就是延续后代。孔老夫子说："饮食男女，人之大欲存焉。"告子也说："食色，性也。"生理需求满足了，能活下来了，接下来是安全的需求(也属于生存需求)，要有房子遮风避雨，要看病延年益寿。在食不果腹、衣不蔽体的年代是既无房奴又无看病难的。人的这些基本的生存需求不满足是难有幸福可言的。生存需求通常是物质上的，满足之后接下来就是心理的、精神层面的需求了，要被人爱、被人尊重，要爱别人、尊重别人，最高层次是自我实现的需求，要实现自己的理想抱负，体现自己的人生价值。美国第 32 任总统富兰克林·罗斯福认为："幸福不在于拥有金钱，而在于获得成就时的喜悦以及产生创造力的激情。"俄国大文豪列夫·托尔斯泰呼吁人们："应该多做善事，为了做一个幸福的人。"

上述需求层次理论并不新，中国两千多年前的政治家、思想家管仲有句名言："仓廪实而知礼节，衣食足而知荣辱。"这比马斯洛的论述要精辟得多，而且早了两千多年。中国还有句话："饱暖思淫欲，饥寒起盗心。"这是更生动、更传神的需求层次理论。现在许多人的烦恼和毛病都是因为吃得太饱。

过去我们肚子饿，感到不幸福很好理解，现在吃饱了，生活越来越好，为什么幸福却越来越少呢？笔者分析有以下几个原因：

一是社会变化太快，无法适应。不但新东西层出不穷，而且生活和工作节奏加快，适应不良就会被社会淘汰。

二是人际竞争激烈，压力太大。升学就业、职场商场犹如战场，职务职称都要竞争，难免会遭到挫折和失败。

三是面临选择太多，烦恼焦虑。现在社会变得越来越宽松，给了我们更多的选择自由。选择会导致鱼和熊掌不可兼得的双趋冲突，前怕狼后怕虎的双避冲突，想吃怕烫的趋避冲突。正如法国存在主义大师萨特所言："如果上帝不在了，人们就陷入了焦虑。"

四是欲望水涨船高，盲目攀比。欲望受参照系影响，过去肚子饿，大家都饿，便不觉得自己不幸；现在都吃饱了，看别人吃的比自己好，便产生了"羡慕嫉妒恨"的烦恼。改革开放以来，从城市到农村，从官员到百姓，生活普遍有大幅度提高，为什么不满和骂街的人却比过去多了呢？原因是有人先富，有人后富，有人大富，有人小富，不患寡而患不均。老往上比的人注定是不幸的人，可老往下比又一定是没出息的人，因此要学会比较，既要与他人横向比较，又要与自己纵向比较。往上比，天外有天，要永不止步；往下比，看看不如自己的人或回忆一下最艰苦的年代，则知足常乐。

根据压力应对理论，争取成功是问题取向应对，降低欲望是情绪取向应对。我们要一手抓问题应对，一手抓情绪应对，两手都要硬，不可偏废。只有两个应对都做好，才是一位真正的成功人士，才有真正的幸福感。

我们的教育往往鼓励人锲而不舍，争取成功，而不提倡适可而止，调整目标。"有志者事竟成""铁杵磨成针"，发扬"愚公移山"的精神，都是我们耳熟能详的格言。而接受失败、降低欲望则被看成不思进取、甘居落后的庸人。如果我们把这些名言警句当成绝对真理，就会培养出"一根筋"的人，"撞了南墙不回头""到了黄河心不死"，这样的老百姓多了，社会并不和谐。

苏格拉底认为："这个世界上有两种人，一种是快乐的猪，一种是痛苦的人。做痛苦的人，不做快乐的猪。"

十几年前我在北京大学做如何调节情绪、保持阳光心态的演讲，有学生当场发难，问我"是愿意做一个痛苦的智者还是愿意做一头快乐的猪？"还有人递字条讽刺我是阿Q。

我的回答是：

"本人智商一般，够不上智者，而且不愿痛苦；我吃饱了工作，猪吃饱了睡觉，最后要挨刀宰，看来我也不是猪。至于猪是否快乐我不知道。汝非猪，焉知猪之快乐？"

"对阿Q要一分为二，如果一个人时时、处处、事事阿Q，那叫没出息；但偶尔来点阿Q的精神胜利法，对于缓解痛苦、避免精神崩溃，也是不无裨益的。"

"我的座右铭是：自强不息，自得其乐；与人为善，与时俱进。以此与各位同学共勉。"

幸福是快乐的集合。怎样才能减少不快乐增加幸福感呢？古希腊哲学家伊壁鸠鲁指出："不是事情本身使你不快乐，是你对事情的看法使你不快乐。"笔者经常用不好中有好的相对论、这方面不好那方面好的全面论、现在不好将来好的发展论这套阴阳辩证思想，以及经过努力还得不到的东西就说它不好的"酸葡萄心理"，自己所有的东西摆脱不掉就说它好的"甜柠檬心理"来摆脱烦恼，竟然屡试不爽。但也有人批评后面两句自我安慰是消极的人生哲学，不宜提倡。我认为，这两种心理是问题应对和情绪应对的有机结合。为此，我把《伊索寓言》中"狐狸与葡萄"的故事加以改编，来回答这种指责。详见本书《阴阳辩证法》一章中的内容，算作对本人幸福观及如何获得幸福的形象总结。

冥想放松法

郑日昌

亲爱的朋友，欢迎您在紧张的工作之余，进入郑教授讲心堂，学习放松入静技术，并做一次神秘的心境之旅。经常做此练习，有助于缓解心理压力，消除精神紧张，提高工作、学习效率，增进身心健康。

在练习开始之前，请先找一个安静的、不受打扰的地方，摘下眼镜、手表，松开领带、腰带、鞋带，然后悠闲舒适地坐好或躺下，闭上双眼，专心听我的指导语，并按指令去做，或让所描绘的画面在脑海中浮现。注意，一定要在脑中出现画面，才会收到好的放松效果。

怎么样，准备好了吗？

好，请您用力地深深地吸一口气，吸满，把腹部膨胀起来（停顿）。再慢慢地均匀地吐气，吐干净，将所有的郁闷和不快都吐出体外。（停顿）再深深地吸一口气，吸满，（停顿）慢慢地吐气，吐气，吐长气。（停顿）请再深吸一口气，吸满之后憋住气，同时绷紧全身所有能控制的肌肉，然后慢慢吐气放松。（停顿）用力地闭眼，咬牙，皱紧额头和双眉，用力，用力，放松，放松；握紧双拳，绷紧双臂，夹紧双肩，用力，用力，放松，放松；胸部背部绷紧，大腹小腹绷紧，用力，用力，放松，放松；腰部臀部绷紧，大腿小腿绷紧，脚趾用力向下扣，用力，用力，放松，放松，体会紧张和放松的不同。放松全身肌肉，检查是否身体每个部位都已放松（停顿）。将意念集中在头皮和额头上，放——松——，放——松——，再放——松——（停顿）。请再用力地吸一口气，憋住气，慢慢吐气，吐气，放——松——，放——松——，检查是否身体每个部位都已放松（停顿）。放——松——，再放——松——，头皮放——松——，额头放——松——，面部放——松——，四肢放——松——，全身放——松——，继续放——松——，越——来——越——松，越——来——越——松（停顿）。

现在你从头到脚、从躯干到四肢，都处于软软的松弛状态，你的大脑很宁静，很宁静，感到非常舒服，非常舒服。（停顿）

（轻音乐）下面，你要开始心灵漫游，进入美妙的梦乡。（停顿）

春光明媚，微风送暖。你漫步在田野上，绿草如茵，鲜花簇簇，五彩缤纷，芳香扑鼻，你看到了吗？你闻到了吗？请用心去看，用心去闻（停顿）。（流水声）小溪流水潺潺，柳枝随风摇曳，小溪流水潺潺，柳枝随风摇曳（停顿）。跨过石拱桥，是一片浓密的树林，林间有一条弯弯的小路。听，仔细地听，（鸟鸣声）树叶沙沙，鸟语虫鸣，树叶沙沙，鸟语虫鸣（停顿）。你踩着树叶和苔藓，蜿蜒前行，越走越深，越走越暗，越来越深，越来越暗（停顿）。不知何时周围细雨濛濛，万籁俱寂，无声无息，好幽静，好幽静。（停顿）

夏日炎炎，你来到海边。蓝色的大海，金色的沙滩，阳光，海浪，沙滩。你躺在沙滩上，沙子细细的、热热的，太阳照在身上暖暖的，你感到全身温暖，越来越暖（停顿）。（海浪声）听，海浪呼啸着，声音由远而近，高高的浪头，白白的浪花，铺天盖地拍过来，海水好凉，好咸，好凉，好咸（停顿）。海水没过你的身体又慢慢退下去，浪头浪花消失了，声音越来越远，越来越远，你再次感到全身温暖，全身温暖（停顿）。又一个浪头拍过来，好凉，好咸，好凉，好咸（停顿），海浪退下去，退下去，你又变得全身温暖，全身温暖（停顿）。就这样，你任凭海浪一次又一次地拍打着，啪——！拍过来，哗——！退下去，你的身体一凉一暖，所有的烦恼和疲劳都被海浪冲得无影无踪，你忘记了一切，将自己融入海天合一的大自然中。（停顿）

秋高气爽，云阔地宽，蓝蓝的天上白云缭绕（停顿）。一朵祥云飘忽而至，降落在你身上，白白的、厚厚的，像一大堆棉花，软软地包裹着你，托着你（停顿）。轻风吹来，你的身体随着云朵，向上飘，向上飘，越飘越高，越飘越远，身体越来越轻，越来越轻，越飘越高，越飘越远，你的身体越来越轻，越来越轻，飘飘欲仙，渐渐溶化在蓝天之中，什么荣辱得失，什么地位金钱，什么恩恩怨怨，全部抛到了九霄云外，你的心灵得到净化，得到升华，变得更高

尚，更纯洁。（停顿）

　　冬雪皑皑，漫天皆白。你迎着飞舞的雪花，一步一步，一步一步，艰难地登上山顶，极目远望，豁然开朗，空气清新，白雪茫茫，好一派千里冰封的北国风光，你顿感心胸开阔，万物皆空，丢弃了所有杂念，心胸开阔，万物皆空（停顿）。稍做休息之后，浑身充满了无穷的力量，你足踏雪橇，双手用力一撑，身体像离弦的箭，风驰电掣般冲向前，冲向前，一直向前，势如破竹，无阻无拦，预示着你万事顺遂，前程无限，万事顺遂，前程无限。（停顿）

　　长期奋斗拼搏，你难免会有些累，不妨忙里偷闲，随时找机会，放松一下。磨刀不误砍柴工，会休息才会工作（停顿）。好，我们再来放松一次：放——松——，放——松——，再放——松，头皮放——松——，额头放——松——，全身放——松——，继续放——松——，越——来——越——松——，越——来——越——松——，头皮放——松——，额头放——松——，面部放——松——，全身放——松——，全身放——松——，继续放——松——，越——来——越——松——，越——来——越——松——，越——来——越——松——。你的血液在身体各处慢慢地流动，流到你的头部——，面部——，颈部——，肩部——，流到你的胸部——，腹部——，背部——，腰部——，臀部——，流到你的双腿——，双脚——，双臂——，双手——，你的手指和脚趾有一种麻酥酥的感觉，你心跳平稳，呼吸均匀，你心静如水，心静如水。（停顿）

　　冬去春来，年复一年。你的道路越走越宽，你的生活越过越甜，你的能力越来越强，你的感觉越来越好。你身体健康，精神快乐，工作顺利，人际和谐，婚姻美满，家庭幸福（停顿）。你对未来充满信心，你对未来充满希望，你的未来不是梦想，你正含笑迎接美好的明天。让快乐成为生活的主旋律，没事儿偷着乐吧！请你微微笑一笑，再笑一笑，你笑得好甜好灿烂（停顿）。陶醉吧，尽情地陶醉吧，你将欢乐到永远，幸福到永远。（停顿）

　　好了，我们的心境漫游就到这里。下面，我从10倒数到0，随着我的数数，你会越来越清醒。当我数到 1 的时候，如果你想起来，就慢慢睁开眼睛。当我数到 0 的时候，你会彻底清醒。如果你很困倦，那就不要睁眼，不要起来，美美地睡吧，甜甜地睡吧，祝您好梦多多。醒来后，你会感到非常舒服，非常轻松，非常舒服，非常轻松，你的心情会很好，工作效率会很高，心情会很好，工作效率会很高。（停顿）

下面我开始数数：10——9——8——7——6——5——4——3——2——1——0。（停顿）

亲爱的朋友，心境之旅，到此结束，谢谢您的合作，我们下次再会。（音乐渐弱）

五行健心操

郑日昌

研发背景

1950年美国成立了世界第一个国家音乐治疗协会，现在美国有80多所大学设有音乐治疗专业，有约4000名国家注册的音乐治疗师。在世界上有200多个国家成立了音乐治疗协会，并每两年召开一次世界音乐治疗大会。在我国，虽然从1989年起就有了全国性的组织——中国音乐治疗学会，会员单位有200多个，但是整体水平还是十分落后的。

20世纪20年代美国兴起的自然韵律表情舞蹈，可以说是最早的舞动治疗形式。在1941年成立的舞蹈治疗协会，至今有1500名舞蹈治疗家。我国目前还没有专门的舞蹈治疗组织。近年来，我国台湾舞蹈治疗协会理事长李宗琴、加拿大华人高级舞蹈治疗师伏羲玉兰，做了大量宣传和培训工作。

当今社会竞争激烈，生活节奏加快，人们的心理问题普遍增多。特别是各级领导干部责任重、压力大，更易出现精神紧张、焦虑、抑郁、头痛、失眠等身心症状。目前国内外较为流行的是单纯的音乐治疗和单纯的舞蹈治疗。为此我们借鉴西方现代音乐治疗、舞蹈治疗的理论与方法，并结合中国古代的五行思想，研制开发了这套《五行音乐律动健心操》(简称五行健心操)，为领导者提供一种自我心理调适、缓解心理压力的手段，有助于落实胡锦涛同志在十八大政治报告中做出的注重人文关怀和心理疏导的重要指示，促进广大干部群众的身心健康，促进社会安定和谐。

这套五行健心操是中国浦东干部学院正式立项开发的，因此我们的光盘拟用中国浦东干部学院和谐广场金、木、水、火、土标志做图像背景，在每次练习开始前高呼："金木水火土，大家来起舞，健身又健心，提高在中浦"等口号。以此凸显校园文化特色，为干部教育培训探索新的形式，提高其可操作性和实效性。

理论依据

研发的总体思路是将中国古代的五行思想同西方现代音乐舞动身心调节方法融合起来，创建一套有中国特色的心理保健操。

五行学说

五行是中国古代的一种物资观，五行学说最早在道家学说中出现，把宇宙间各种事物分别归属于金、木、水、火、土五行。因此在概念上，五行是在特性上可相比拟的各种事物、现象所共有的抽象性能。具体到人，五行特性可概括如下：

金，其性刚，其性烈，金旺者，体健神清，刚毅果断，不畏强暴，疾恶如仇；金太过者，做事鲁莽、有勇无谋；金不及者，优柔寡断，胆小退缩。

木，其性直，其性和，木旺者，能屈能伸，仁慈温和，生长发育，上进心强；木太过者，野心勃勃，嫉妒心强；木不及者，悲观自卑，不求进取。

水，其性聪，其性变，水旺者，头脑灵活，足智多谋，语言伶俐，应变力强；水太过者，诡计多端，反复无常；水不及者，心胸狭窄，固执偏激。

火，其性急，其性热，火旺者，精神闪烁，积极奉献，热情奔放，坦诚友好；火太过者，性情急躁，容易冲动；火不及者，冷漠奸诈，抑郁寡欢。

土：其性重，其性厚，土旺者，朴实无华，为人宽厚，言行一致，乐于奉献；土太过者，性格内向，不善交际；土不及者，言而不信，浮躁焦虑。

音乐治疗

同五行相关的是中国古乐中的宫、商、角、徵、羽五音。不同曲调的音乐可表达不同情感，象征不同心态和不同性格。

音乐治疗学是一门新兴的，集音乐、医学和心理学为一体的边缘交叉学科，是音乐在传统的艺术欣赏和审美领域之外的应用和发展。研究显示，某些音乐特有的旋律与节奏能使人的血压降低，基础代谢和呼吸的速度减慢，使人在受到压力时所产生的生理反应较为温和。心理疾病的常见症状是焦虑、抑郁等情绪障碍，音乐有情绪调节作用。一曲旋律优美的歌曲，使人感到振奋、鼓舞；悠扬的音乐能缓解焦虑状态。

音乐具有主动的、积极的功能。特有的音乐节奏与旋律，能够使我们平常主管语言、分析、推理的左脑得到休息；而对掌管情绪、想象力的右脑则有刺激作用，对创造力、信息吸收力等潜在能力的提升有很强的效果。此外，我们脑内的α波主宰人体安定平静的情绪，常听心灵治疗的音乐能有效加强α波，达到身心松弛、心境稳定平和的效果。

舞动治疗

音乐与舞蹈是分不开的。在远古时代，舞蹈被应用在庆典娱乐、恋爱婚姻、教育训练、人际沟通、治疗调理和宗教仪式等各种活动里，舞蹈起着联合形与神、人与社会、人与自然的作用。但是随着时代的变迁，舞蹈逐渐被技巧化、戏剧化、形式化和商业化；舞者也逐渐地成为表演者和娱乐艺人。直到20世纪，欧美受到东方文化"身心合一""形神交融"的哲学影响，注重身心关系和谐、追求统一，于是发展出舞动心理治疗，使人类重新认识身心动作与舞蹈体验在生长教育、生活实践、治疗矫正甚至在精神智能上的影响和效用。舞动心理治疗的主要目的，就是达到身心行为的平衡统一。

舞动心理治疗以人体表情与动作的功能来提高自我意象和自我觉察能力，促进个人潜能的发挥。舞蹈的动作节奏还可以增强人对音乐的感受能力，改善人的情绪，增强人的自信心，促进人的交往能力。群体舞动能够缓解紧张、自闭、孤独。

舞动心理治疗的理论基础是弗洛伊德的精神分析，该理论认为运动可反映出一个人的潜意识和情感。舞动治疗摒弃舞蹈的程序化和技巧化，强调舞蹈语汇的自发性、率真性和个人化，而且着重个人对身体体验与心理感情的自然流露，以真挚的、本能的、即兴的体态语言来显示和升华个人体验。

舞动治疗可用于各种人群，不但可用来克服各类身心障碍和暴力、酗酒、吸毒等行为障碍，还可用于解决婚姻家庭问题、儿童或老年人问题等。对于正常人来说，舞动治疗的主要功能是帮助人了解自己，表达自己，宣泄情绪，缓解焦虑，增进人际沟通。舞动治疗适用于卫生、教育和社会心理服务机构，可以是个体形式，也可以是集体形式。

接受音乐舞动治疗不需要有音乐和舞蹈基础，不需要专业训练，参加者在音乐中随兴而动，手舞足蹈，不讲动作是否优美，尽可能用适合自己的表达方式，在互动中建立联系，取消心防，增强内在力量。

为了破除人们对舞蹈的神秘和恐惧，我们将舞蹈称为舞动或律动。舞动属于自然而原始的肢体语言，是不经学习而出现的动作，倘若能配合音乐节拍，有一定节奏感，那就是律动。

内容结构

本套健心操将五行思想与音乐律动融为一体，用金、木、水、火、土代表五种不同心态和性格，配以商、角、羽、徵、宫五种音调的乐曲和不同风格的肢体动作，并制成以坚强如金、成长如木、柔韧似水、热情似火、朴实如土命名的五张光盘，每张光盘均包含改变某种不良心态、培养良好性格的心理暗示诱导语，与其内容相符的音乐，相应的表情与肢体动作提示和演示。具体结构如下：

金：诱导语的主题是培养刚毅坚强性格，克服胆小退缩心理；音乐曲调高昂、气势磅礴，具有震撼力(配以海浪声)；表情严肃，肢体动作挺拔、刚劲、有力。

木：诱导语的主题是培养积极进取精神，克服悲观自卑心理；音乐由若到强，充满生命活力(配以风雨声)；表情平静，肢体动作表现破土而出的幼芽成长为参天大树。

水：诱导语的主题是灵活柔韧、能屈能伸，克服偏激固执心理；音乐柔和委婉、妩媚幽雅(配以流水声)；表情温和，四肢及躯体婀娜多姿，好似水在流动。

火：诱导语的主题是热情洋溢、坦诚友好；克服冷漠抑郁心理；音乐豪迈奔放、充满激情(配以火焰声);面带笑容,肢体动作向外向上,好似火焰在喷发。

土:诱导语的主题是朴实无华、豁达奉献,克服浮躁焦虑心理;音乐曲调低沉缓慢,音域宽厚(配以虫鸣声);表情泰然自若,双足踏稳,躯体紧贴大地。

设计的肢体动作不多不难,简捷易学,有些动作可不断重复,并提倡随心所欲,不拘一格地即兴舞动。

五行音乐律动健心操

请按下文集体高呼:

金木水火土,大家来中浦,音乐中起舞,工作干劲足。

土木水火金,相聚分外亲,健体又健心,团结向前进!

请双腿分开,与肩同宽,稳稳站好,闭上眼睛。先用力伸伸懒腰,打打哈欠,伸伸懒腰,打打哈欠。再做几次深呼吸,用力吸气,吸满,下沉,把腹部膨胀起来,憋住气,再慢慢吐气,吐长气,要慢,要长,要匀。再用力吸气——,吐气——,吸气——,吐气——,吸气——,吐气——。请放松头皮——,放松前额——,放松眉头——;放松头皮——,放松前额——,放松眉头——;面部放松——,颈部放松——,双肩放松——,胸部放松——,腹部放松——,背部放松——,腰部放松——,臀部放松——;双臂很软——很松——,双手很软——很松——,双腿很软——很松——,双脚很软——很松——,全身很软——很松——。用心去体会这种全身放松的感觉,感到很舒服,很放松,很舒服,很放松。

下面请睁开眼睛,看着字幕,边高声诵读,边模仿我或根据自己的感觉,随着音乐节奏,即兴做出相应的肢体动作。

(投影伴音乐)

金,坚强如金。(克服软弱恐惧)

（音乐曲调高昂、气势磅礴、具有震撼力，如《命运交响曲》，配以海浪声；表情严肃，肢体动作挺拔、刚劲、有力。）

意志如钢，迎难而上。（握拳跨步）

不怕挫折，越战越强。（挺胸抬头）

刚柔并济，能伸能屈。（弯腰再起）

进退自如，方为丈夫。（收腿再跨）

实事求是，坚持原则。（立正握拳）

灵活有度，不逾大格。（身体轻摇）

开拓创新，不畏艰险。（握拳上举）

积极进取，勇往直前。（交替跨步）

木，成长如木。（克服悲观自卑）

（音乐由若到强，充满生命活力，如《古曲》，配以风雨声；表情平静，肢体动作表现破土而出的幼芽成长为参天大树。）

十年树木，百年树人。（低头下蹲）

苗壮成长，自立自强。（抬头慢起）

根深叶茂，不怕风霜。（举臂晃身）

历经磨难，百炼成钢。（立正叉腰）

不断学习，与时俱进。（捧书跨步）

戒骄戒躁，奋发向上。（抬头举臂）

道路曲折，前途光明。（垂臂正视）

心态阳光，永不绝望。（微笑抚胸）

水，柔韧似水。（克服偏执愤怒）

（音乐柔和委婉、妩媚幽雅，如《春江花月夜》，配以流水声；表情温和，四肢及躯体婀娜多姿，好似水在流动。）

滴水穿石，以柔克刚。（指地晃身）

韬光养晦，不露锋芒。（闭目低头）

春风化雨，润物无声。（双手轻摆）

遇事三思，理智驭情。（托腮思考）

锲而不舍，坚定不移。（跨步立定）

韧性战斗，不焦不急。（轻轻踏步）

忍辱负重，顾全大局。（低头抬头）

富贵不淫，贫贱不移。（晃动立定）

火，热情似火。（克服冷漠抑郁）

（音乐豪迈奔放、充满激情，如《喜洋洋》，配以火焰声；面带笑容，肢体动作向外向上，好似火焰在喷发。）

赤胆红心，振奋精神。（抚胸抬头）

火热激情，真诚待人。（满面含笑）

面对敌人，冷酷无情。（怒目而视）

对待同志，温暖如春。（点头微笑）

送人玫瑰，手有余香。（先伸后闻）

豁达乐观，胸怀朝阳。（双臂环抱）

火炬高高，红旗飘飘。（举臂轻摇）

革命到底，永不动摇。（收臂立定）

土，朴实如土。（克服浮躁焦虑）

（音乐曲调低沉缓慢，音域宽厚，如《梅花三弄》，配以虫鸣声；表情泰然自若，双足踏稳，或让躯体弯向大地。）

脚踏实地，站稳立场。（双脚踏地）

深入群众，吸取营养。（低头弯腰）

以人为本，奉民为天。（抬手望天）

埋头苦干，任劳任怨。（低头握拳）

鞠躬尽瘁，当好公仆。（弯腰挺身）

廉洁奉公，反贪防腐。（枪打贪官：一手拇指食指做打枪状，另手拇指倒下，双手交替，各做一次）

热爱祖国，忠于人民。（屈臂握拳）

净化灵魂，永葆青春。（抬头挺胸）

下面请一边轻轻踏步，一边自由做放松活动，可以转转头，也可以甩甩手，边活动边连喊三遍下面四句话，要一遍比一遍更响亮：

进了中浦门，便为中浦人，科学发展观，是我中浦魂！

跋
POSTSCRIPT

    本书得以完成，要深深感谢多年来接受我辅导的来访者及参加讲心堂工作坊的学员，他们不仅提供了大量案例素材，也分享了许多管理情绪、调节心态的有效方法，他们的鼓励赞扬，更给了我巨大的力量！

    需要说明的是，书中涉及多个咨询案例，为了保护个人隐私，在当事人身份及背景方面做了适当技术处理，请勿牵强附会、简单对号。

    最后送各位朋友八个字：

    阴阳辩证，内心和谐。

    这是笔者自认为的全书精华，就算点睛之笔吧！

郑日昌
2017 年春于京师园

作者简介

郑日昌

　　1967年毕业于北京师范大学心理学专业，"文化大革命"期间历经磨难，当过十年采煤工。1985年通过考试受教育部派遣先后在美国教育测验中心（ETS）、匹兹堡大学、大学考试中心（ACT）做访问学者两年，以后又去比利时布鲁塞尔国际笔迹学研究所和英国彻斯特大学心理系合作研究各半年，在澳大利亚新南威尔士大学心理学院任客座教授一年。归国后执北京师范大学教鞭，率先开设心理测量、心理咨询课程，出版中国第一部心理测量和第一部学校心理咨询教材，并亲手创办以提高国民心理素质、促进社会安定和谐为己任的讲心堂和北京师大辅仁应用心理发展中心，为心理学应用于社会奔走传道，不遗余力。推动了高考改革和人才测评在各行各业的广泛开展，促进了心理健康教育的普及和学校心理辅导制度的建立，近年来又将心理学服务推广到企事业单位和党政军系统，被称为中国心理学应用的拓荒者。曾任北京师范大学教授、博士生导师，中国浦东干部学院访问教师（中组部派遣），教育部考试中心兼职研究员，教育部中小学心理健康教育专家指导委员会委员，教育部普通高等学校学生心理健康教育专家指导委员会委员，人力资源与社会保障部人才交流中心人才测评师考试首席专家，卫生部心理治疗师考试专家委员会委员，全国标准化技术委员会委员，中国员工心理健康工程专家委员会主任委员，香港特别行政区中国心理咨询师协会理事长，国际中华应用心理学研究会名誉理事长，作为有突出贡献的专家学者荣获国务院颁发的政府特殊津贴和北京市优秀教师称号。